人生がラクになる数学のお話43

柳谷晃

Yanagiya Akira

文芸社

［はじめに］

あなたの存在は偶然であると言われたら、あなたはどんな気分がするだろうか。偶然の存在なら、価値のない存在ではないか、と思うかもしれない。

では、あなたがいることは10億分の1の確率より小さいと言われたら、どうだろうか。

特別な存在のような気がして、気分が良くなるかもしれない。

偶然というのは、確率的には非常に低いことが起こることを表す。事実、あなたがいる確率は起こり得ないほど小さい。それゆえ、あなたは貴重な存在なのである。

私たちは、宇宙の中の、そのまた銀河系の中の太陽系に属する惑星・地球で暮らしている。そのこと自体が本当に偶然である。

大爆発が偶然に起こって、宇宙ができる。その中で地球が生命を生み出せるような、太陽からの距離に位置していることも、ほとんど確率0といっていい偶然である。

また原子核の中の陽子がプラスの電荷をもっていて、電子がマイナスの電荷をもっているのも偶然だ。さらに万有引力という地球と太陽とを結び付けている力が、距離の2乗に反比例するようにできているのも偶然である。

私たちが住んでいる宇宙は偶然のもたらした結果のようだ。「結果だ」と断定しないのは、もっと宇宙のことをわかるようになれば、万有引力の法則も偶然ではなく、必然的であるかもしれないからだ。

ただし、本当に偶然だったという結論になる可能性もある。万有引力は偶然の結果と断定する科学者がたくさんいるからだ。

偶然なのか必然なのか——。

人間にはわからないことがたくさんある。

地球上に生命が誕生し、突然変異という偶然の繰り返しを起こして人間にまで進化できたと考えられている。この説はダーウィンの進化論から発生している。

けれども突然変異の起こる確率を考えると、生命が地球上に現れてから人間に進化するまでの時間が速すぎる、という考え方もある。

ならば突然変異以外にも、人間に進化できた理由を考えないといけない必然性が出てくる。その一つの可能性が獲得形質の遺伝である。獲得形質というのは個人が生きてゆく上で努力して得た能力のことだ。これは遺伝しないというのが今までの理論で

はじめに

あるが、これの遺伝を考えないと、人間にまで進化できないという考え方もある。

とにかく宇宙や地球のことは、わからないことだらけなのである。

しかし、自然が小さい確率で起こる偶然の出来事を使って宇宙や地球上のバランスをとってきたのは間違いないらしい。そのバランスのとり方は、人間の知識をはるかに超えるところにある。

偶然の出来事というのは宇宙の中だけでなく、人間の社会生活の中にもたくさんある。その偶然が社会のバランスをとっている可能性は高い。もちろん、人間の知識がまだ足りず、偶然と思ってしまう必然もあることだろう。

昔の人は、現代人より科学力が少なかったので、自然に合わせざるを得なかった。そのため、偶然に起こる自然現象や社会現象などに翻弄されることもあっただろう。だが、偶然というものに素直に従って生きてゆく力を持っていたように思われる。

現代人は、どうか。

自分の知識で自然現象や社会現象を支配できる。そう思っているとしたら、それはかなりの危険なうぬぼれといえる。

生活に甚大な被害を与える台風一つとっても、水爆10個分くらいのエネルギーがある。

そんな自然の力の前に、人間の力は非常に小さい。

だが、自然の力——たとえば台風が運んできた雨や空気が、作物を育ててくれるということもある。自然の偶然は人間が作った物を壊すが、恵みも与えてくれる。

その恵みを最大限に享受し、被害を最小とするための道具が、数学や物理なのである。

たとえば台風の強さとか速さがわかれば、どんな備えをして、いつまで避難すればよいかがわかる。また、建築技術で飛ばされない家や流されない建物を作ることもできる。さらに、雨の恵みを最大限利用できる水力発電所のような施設を前もって作っておくこともできる。

数学や物理には、天災のような偶然の出来事を起こらないようにする力はないが、被害を最小限にするような予測が可能なのである。自然現象がもたらしてくれる恵みを最大限に生かす工夫ができる。

自然は偶然の出来事を使って宇宙や地球上のバランスをとってきた。

それならば人間は、偶然に起こる悪いことを最小限にして、偶然に起こる良いことを最大限に使ってバランスをとりたい。

それには自然から素直に学び、昔の人が持っていた知恵と科学の力を使う。そうすれば、偶然の出来事に適切な対応ができるだろう。

数学や物理を特別に勉強する必要はない。本書の中に出てくる程度の知識を学べば、被害を最小にし、恵みを最大に使えるような、偶然との付き合い方ができる。

この世界は偶然ばかり。その偶然を有利に使えれば、バランスの良い人生を送ることができる。さらには社会のバランスをとることもできるのである。

柳谷　晃

［人生がラクになる数学のお話43　◎　目次］

第1章◉世の中は偶然に支配される

第2章◎数学的な算段が命を守る

第3章◎人を不幸にするシステム

第4章◉社会は男と女の仲で決まる

第5章◎幸運は偶然と必然がもたらす

カバーデザイン●パワーハウス
カバーイラスト●山下　アキ
帯写真撮影●富山　義則
企画・編集協力●万有社

世の中は
偶然に
支配される

第1章

1　宇宙の最初の偶然と地球の奇跡

なぜ宇宙があって、なぜあなたがいるのか。

この疑問に、科学は一生懸命答えようとしていた。

夜空の星を見て、誰もが美しいと思う。この美しさの中に宇宙ができた時の秘密がある。

科学者の研究では最初に大爆発（ビッグバン）があったらしい。これは夜空の星を観測すると、宇宙全体が膨張していることから予測されるようだ。

この大爆発の直後に、どのようなことが起こったのか。

研究でわかってきたことは、爆発の後であるから最初は均一な状態で素粒子が膨張している。その素粒子の均一な状態の宇宙の中に、何かの原因で、ほんの少し密度のばらつきができる。そのばらつきが原因で、いろいろなことが起きる。

密度の高いところには周りの物質が吸い寄せられる。物質が集まれば、重力ができる。するとさらに物質が集まってくる。こうなると、宇宙のいろいろな場所に塊ができる。また物質が集まる時の流れで渦ができると考えられる。いろいろな場所に渦ができるメカニズムを、数学的に証明した人がいる（高等数学なので細かい説明は省く）。宇宙の中にできた渦の一つが、太陽の属している銀河系という大きな渦巻きになった。その銀河系の中でも、同じように密度のばらつきで物質の集まりができて渦ができる。その渦の一つが、中心に太陽のある太陽系になった。太陽の周りの渦がだんだん冷えて固体ができて、それが惑星になる。その惑星の一つが地球というわけである。

これはすべて、偶然の積み重ねの結果といえる。

宇宙を作った最初の爆発の後、素粒子が集まるのも、さらにその集まりのどれかが銀河系になるのも、その中に太陽を中心とした物質の集まり、太陽系ができるのも、すべて偶然である。その太陽系の中に我々が住む地球があることはとんでもない偶然、奇跡といえる。確率でいえばかなりの低さである。というよりほとんど確率0である。

さらにものすごい偶然がある。地球には水があり、緑があり、生命がある。このような惑星ができるためには、太陽からの距離がキーポイントになる。太陽からの距離が1億4千6百万キロメートルから1億5千万キロメートルの間に入っていなければならない。距離として、4百万キロメートルもあると思うかもしれない。しかし宇宙空間で4百万キロメートルは、一点を捜すようなものなのだ。もし、もっと太陽に近ければ、金星のようになってしまう。またもっと遠ければ、火星になってしまう。どちらも住みたくない状態の星である。

だから太陽に近くもなければ、太陽から遠く離れているわけでもない微妙な位置に偶然、物質が集まって地球ができたというのは、ほとんど奇跡に近いのである。

2 あなたがいるのも偶然

宇宙ができ、地球ができたことがとんでもない偶然であることがおわかりいただけたことだろう。

だが宇宙や地球だけではない。われわれ人間ができたのも同じくらい大変な偶然である。

その経緯はこうだ。偶然できた地球で、炭素の結合から生命が生まれる。生まれた生命体は環境に順応するために突然変異という偶然を繰り返し、人間に進化する。

この進化のとき、大切な役割をするのが四つの塩基——グアニン・シトシン・アデニン・チミンで、遺伝子の中で情報伝達に使われる。この四つの塩基を持つのが、遺伝をつかさどるＤＮＡといわれる物質である。

しかし四つの塩基がなぜ、遺伝情報を伝える役割をするのか、それはわからない。偶然そうなった可能性もある。

遺伝情報というのは受精卵に入っている。受精卵というのは、とがった鉛筆で紙の上にぽんと点を打ったぐらいの大きさだ。そんな小さな中に人間を作るすべての遺伝情報が入っている。その受精卵が細胞分裂を繰り返して人間ができる。まさに奇跡といえるだろう。

受精卵が細胞分裂を繰り返して人間になるとき、遺伝情報は核酸によって伝達される。DNA（遺伝子の本体）の核酸が先の四つの塩基で、それがRNA（リボ核酸＝DNAの鋳型）に転写される。RNAは四つの塩基（グアニン・シトシン・ウラシル・アデニン）で情報を受け取る。この情報で、人間を形成する基本の二十個のたんぱく質を作る。どんなたんぱく質を作れば良いかは、核酸が命令する。

DNAとRNAの塩基の対応は次の通りだ。

DNA	RNA
チミン	アデニン

グアニン　シトシン
アデニン　ウラシル
シトシン　グアニン

この対応が、ＤＮＡとＲＮＡの核酸の中にできている。この核酸が三個一組の列を作って一つのたんぱく質を作る命令を出す。三個の核酸で一つのたんぱく質を表す仕組みになっている。

この核酸三個一組の列で一つのたんぱく質を表すというところに、自然の不思議がある。核酸二個一組の並びだと、四種類の核酸を二回使うので、４×４＝16となって、十六種類のたんぱく質しか表せない。これでは、人間を作る二十個ほどの基本のたんぱく質を合成するには四個足りない。でも核酸三個一組の並びを使うと、４×４×４＝64となって、二十個の基本たんぱく質を充分に表せる。

しかし二十個を表すのに、六十四個もの核酸の並び方を使うのは無駄のような気がする。自然は無駄なことをしないのが普通だからだ。

果たして無駄なことをしているのではなかった。基本たんぱく質の種類の約三倍の並びができるようになっているということは、違った三個一組の並びでも、同じたんぱく質を表す構造になっている。

ということは、ちょっと間違えて遺伝情報を伝達しても、別のたんぱく質を作らないよう保険をかけているのだ。

細胞分裂を繰り返して人間になるとき、間違いは許されない。だから三個一組にしておけば、間違える確率が少なくなる。三個一組の核酸と、一つのたんぱく質が対応するのは、無駄をしているように見える。しかし情報伝達に間違いが許されないことを考えれば、このような保険をかけておくのは合理的なのである。

それでも遺伝子に変化が現れることがある。これが、突然変異である。

突然変異というのは必ずしも環境に適応するように起こるかどうかわからない。どんな突然変異が起こるかは、偶然に支配されている。だから環境に適応しない突然変異が起こったなら、その生物は絶滅してしまう。環境に適応した、偶然の突然変異を何度も繰り返した結果が、人間である。

したがって宇宙と同じように、あなたがいるということは、偶然の賜物《たまもの》なのである。

3 人間のできる可能性

突然変異をおこりやすくする大きな原因は、環境のストレスだ。今までとは違った環境に適応する個体を作ろうとしている――。突然変異は、そう考えられる。その突然変異も、すべてが良いものというわけではない。良いほうに回るか、悪いほうに回るかは偶然に支配される。環境に適応できない突然変異が起きた個体は、当然、淘汰されてしまう。環境に適応するように変わっていくのは大変なことなのである。

では、突然変異はどのくらい起こっているのだろう。

おおざっぱだが、これを計算した人がいる。たとえば大腸菌を例に取ると、百万匹に一匹の割合で、突然変異を起こしているという。一時間に一度、大腸菌は二つに分かれる。この大腸菌の例で考えると、三十億年の生物の歴史に、4.9×10^{37}個の突然変異を起こすことになるという。この計算をするには、細胞分裂した大腸菌がどのくらい生きてゆくか、すなわち大腸菌の世代交代も考えないといけないので、簡単な計算にはならないので、結果を見ていただければと思う。

大腸菌を例に取るのは乱暴だが、この例から多めに見積もって、大体10^{40}くらいの突然変異が一つの生物に起こってきたと考えよう。多めに見積もっていくのは、多めに見積もっても、突然変異がそんな簡単に生物を変えていけるわけではない、ということを、わかってもらいたいからだ。

現在の生物の種類は、10^8程度で、一つの種で使うたんぱく質の個数は、10^5程度である。この二つの数字を掛け合わせると、生物が使うたんぱく質の数が求められる。結局たんぱく質の数は、多くとも、10^{13}となる。

この数字を使うと、突然変異で形成された新しいたんぱく質が生き残る確率はどのくらいになるだろうか。生き残った生物のたんぱく質の個数を、突然変異でできる可能性があるたんぱく質の個数で割ると、

$10^{13}/10^{40} = 1/10^{27}$

となり、突然変異で形成されたたんぱく質は、10^{27}個に一個の割合で生き残る。すなわち突然変異で生き残るたんぱく質は、$1/10^{27}$の確率となる。

生き残る確率が、こんなに少ないということは、偶然の突然変異の繰り返しで人間ができたと言っても、地球に生命の原型ができてから、人間ができるまでには気が遠

くなるほど長い時間がかかるということだ。地球の年齢は約四十六億年と言われている。生命の誕生は約三十八億年前という説がある。これが正しいとすれば、突然変異で人間ができるまで、約三十八億年かかるということだ。

人間ができるまでの時間についてはいろいろな説がある。しかし偶然の突然変異を三十八億年間以上も繰り返した結果が、私たち人間であることには間違いないようである。

4 リズムは宇宙の基本

chinese dropという言葉をご存じだろうか。

中国の拷問、刑罰といったほうがいいかもしれない。罪人の頭に一定の間隔で水滴を垂らす。これを続けると、気が変になってしまうという拷問である。

chinese dropと同じ効果があるのは、小石を頭の上に落とす拷問である。

以前テレビ番組の『バットマン』のなかで、捕えられたバットマンがこの拷問を受けていた。しかし彼の気は狂わなかった。なぜなのか？

彼によると、ずっと幾何の問題を頭の中で解いていたからだという。こんな話をすると馬鹿の一つ覚えのように、幾何は論理的思考に必要だと言っている数学者の勢いを増すだけということになりかねない。あくまでもテレビ番組の中の話である。

人間は起きているときと、寝ているときとを繰り返す。このような同じことの繰り返しをリズムと呼ぶ。心臓は、個人差はあるが1分間に70回ほどの脈を打つ。これも体内にあるリズムの一つである。生物は生命を維持するためのリズムを、体内に持っている。これを体内リズムと呼ぶ。

人間だけでなく、原始的な単細胞生物も、収縮したり伸びたりを繰り返すリズムがある。昆虫も、自分の中に体内リズムを持っている。生物はこのリズムを保つように活きている。先ほどのchinese dropというのは、体内リズムとは違う間隔の刺激を与える。このような刺激を受けると、体内リズムが乱れ、体調を崩してしまうのである。

突然変異を繰り返し、進化して複雑になった生物が、体の機能を正常に保つには全体のバランスが大切である。複雑な組織ほど内部の機能が調和して動かないと、生命が保てない。それぞれの組織が勝手に動いたなら、人間のような複雑なシステムは即座に停止してしまう。それを調整しているのが、体内リズムなのである。

体内リズムが大切なことは、蚊に対する実験で証明されたことがある。夏の夕方、蚊柱ができているのを見たことがある方は多いと思う。この蚊柱のリズムの研究をした科学者がいた。生物は時計がなくても、おおよその時間を感じるような感覚を持っている。そうでなければ、ほぼ同じ間隔で繰り返しをする体内リズムを保てない。

蚊の体内時計の一日は二十四時間ではなく、もう少し短い二十二時間ほどである。自分の体内時計で体内リズムを繰り返すと、夕方の蚊柱の時間が毎日二時間ずつずれてしまう。六日たつと夜と昼が逆転して、生活時間がくるってしまう。このずれを調整するために、蚊は外部の光により、自分の体内リズムを調節している。この調節を妨害するように光を蚊に当てると、蚊のリズムが崩れてしまい、蚊柱がうまくできなかったという。

蚊の体内リズムを崩すには、ほんの一瞬の光で充分だということを、科学者は発見したのである。

その光を上手に使えば、人間の体内リズムを整えることができる。寝ているときの体と、起きているときの体は、活動している部分が違う。寝て起きて突然激しく動いたりすると、体内リズムを崩してしまう。朝起きたときに、朝日を浴びることによって体内リズムを整え、徐々に体を動かす。これで睡眠から醒めて、活動する状態になめらかに移行することができる（ただし、あまり光に当たると、頭痛を起こしてしまう人がいるので要注意。私もその一人だが、頭痛持ちの方に、朝日を浴びる方法が良いかどうかは、医師と相談しないといけない）。

体内リズムは、その言葉通り、音楽のリズムにも通じるところがある。音楽のような振動のリズムを聴いて気分が良くなることは、気のせいだけではない。自分の体内リズムと音楽のリズムとが同じ間隔の繰り返しで調和すると、寝不足などで乱れてしまった体内リズムを元に戻してくれる。

赤ちゃんが泣き止む音のあることをご存じの方も多いだろう。お母さんの胎内音である。これがわれわれの体内リズムにぴったりなのである。

胎内音の秘密は何か。

大人が聴いてみると、ザーっというノイズのような音だ。この中に、「1／fゆらぎ」と呼ばれる音のエネルギーの乱れ方が含まれている。音のエネルギーの乱れ方には、「適度な偶然」が含まれている。この適度な偶然が体内リズムを安定させて、心地よくさせてくれる。

この「1／fゆらぎ」は、川のせせらぎや滝の音の中にもある。またブラームスやモーツァルトの曲の中にもある。だから、それらを聴いて心が落ち着いたり、気持ちが良くなったりする人は少なくない。

個体を安定させる体内リズムは、蚊のような生物でも人間でも、突然変異の繰り返しの過程ででき上がったものだ。

何かが繰り返されるとき、リズムができる。宇宙ができて、次に偶然太陽系が含まれる銀河系という大きな渦巻きができた。渦巻きは回転している。回転は、寝たり起きたりの繰り返しと同じように一つのリズムを作る。このリズムも偶然できたものだ。

銀河系の中に偶然できた地球も、太陽の周りを一定のリズムで回転している。そして自転をしている。自転も一つのリズムである。また地球に届く太陽の光も、自転によって夜と昼の交代のリズムを持つ。

このようにリズムは宇宙の基本なのである。

地球上で、偶然の突然変異を繰り返した生命体は大きな時間の流れの中で進化していき、体内リズムを作り上げてきた。だからそのリズムは地球のリズムに合っている。合わなければ、地球上で生物として生きてはゆけないのである。

5　偶然は管理できない

偶然の繰り返しで生物が進化して人間ができ、知性を持ちはじめると、自然に任せるという気持ちが薄くなるらしい。欲が出てきて、もっとうまく生活できないか、という気持ちになるようだ。

こうなると、人間は自然の変化の決まりのようなものを知りたくなる。

古代エジプトの人々は、ナイル川の氾濫《はんらん》がいつ起きるか、どのように起こるかを研究した。その結果、氾濫の繰り返し、すなわちリズムが一年ごとにどの時期に起こるか、ということを理解し、農作物の生産に応用した。

しかし一定のリズムで毎年起こることのほかに、リズムを乱すようなことも起こる。天気は突然変化し、嵐が来たりする。このような突発事象、すなわち偶然がどうして起こるのか、という疑問が出てくる。

そしてこの偶然を理解しようとして、簡単な確率の発想が生まれる。たとえば、賭けごとで使うサイコロの目の出方のようなことを、人間が説明しようとする。

サイコロが正確に作られていれば、どの目も1／6の確率で起きる。この1／6の確率というのは、何度もサイコロを振った時、振った回数の1/6の回数が1の目になるということである。2、3、4、5、6の目についても、それぞれ振った回数を6で割った回数だけ出るということだ。

それでは、サイコロを振った時、3の倍数の目が出る確率はどのくらいになるだろうか。サイコロは、1、2、3、4、5、6の目がある。その中で3の倍数は、3と6である。サイコロが正確にできていれば、3の目が出る確率は、1/6である。6の目が出る確率も1/6である。そこで、3の倍数の出る確率は、3の目が出る確率と6の目が出る確率を足して1/3の確率となる。すると、3の倍数の目が出ない確率は、1から1/3を引いて2/3の確率になる。

ここが間違いやすい。「3の目が出る」ということと、「3の目が出ない」ということが、二通りに分かれているから、どちらが起こる場合も、ともに1/2である、と考えてはいけない。

これと似たような間違いを、降水確率を考えるような場合に、人はしてしまう。「雨が降る」と「雨が降らない」という二つの場合を考える。二通りの選択肢しかないから、「雨が降る」確率も、「雨が降らない」確率も、両方とも1/2である。これは間違いである。低気圧が近くにあれば雨が降りやすくなり、高気圧が近くにあれば、晴れやすくなる。低気圧と高気圧が近くにある確率は同じではない。夏になれば高気圧が強くなり、晴れやすくなる。「雨が降る」「雨が降らない」の場合が二つだからだといって、それぞれの起こる確率が1／2とはならない。

ここまでわかっても、天気の偶然を確率で管理できると思ったら大間違いである。近くに高気圧があっても、自分の周りの大気の状態をすべて理解できるわけではない。突然、大気の局所的な揺らぎが起こってしまう場合がある。狭い範囲の低気圧とか、高気圧があるからだ。それで起きるゲリラ豪雨のような現象もある。そのゲリラ豪雨の起こる予想を、最近スーパーコンピュータを使って計算しようとしているが、完全ではない。

人間の考えた確率では天気のような複雑な自然現象の偶然を完璧に管理できないのである。

6 偶然と確率と人間の関係

単純な偶然なら、確率で予測することはできるだろうか。

サイコロより単純なコインを一つ投げて、裏と表のどちらが出るかを考えてみよう。裏の出る確率は1／2、表の出る確率も1／2。だったら10回のコイン投げで、表は5回出るはず、そう予測する人がいるかもしれない。

しかし、そうはならないのである。

表が続くと、そろそろ裏が出ると予測してしまうのが人間だが、そんなことを偶然は考えない。偶然に記憶はない。コインを投げる時は、毎回1／2の確率で表か裏が出るだけだ。

コイン投げの実験をした人の結果によれば、表の数と裏の数が、それぞれ半分の回数になるまでには10万回くらい投げなければならない。また表が多く出る時と、裏が多く出る時が固まっていることが多い。たとえば1000回から2000回までは表が多くて、2000回から3000回までは裏が圧倒的に多いというようなことが起こる。

だからコインを10回投げたくらいで、表と裏が5回ずつ出るなどということは起こらない。つまり単純な偶然でも、人間が確率で予測することはできない。だから偶然なのである。

この偶然というものについて、人間が考えはじめたのはかなり古い。旧約聖書には確かクジの話があった。義務を公平に分配する方法としてクジを使っている。だが新約聖書にクジは出てこない。どんなことにも、神の意志が働いているという発想が定着したからだろう。

だから偶然はキリスト教世界に嫌われたようだ。神様の意志ですべてが動いているこの世界に、偶然などあろうはずがない、というのである。もちろん偶然を理解しようとする確率の発想も嫌われた。

古代ギリシャの哲学者アリストテレス（前384～前322）は自分の著書の中で「偶然性」について述べている。このことが、のちに彼がキリスト教から異端者扱いされる原因となった。偶然性が支配するようなゲームをキリスト教は嫌いだったらしく、そんなことをするのは悪魔に魂を売るのと同じだと、説教をした人もいたらしい。

この世界はしかし、人間の考えを超えるような自然現象が多くある。さらに当然勝てると思った戦争でも、なぜか負けてしまうことがある。どうしても、偶然と付き合わなければならない。それゆえキリスト教も、偶然や確率の発想と妥協をしなければならなくなる。

そこで、キリスト教の教義と矛盾しないよう理論を整えようとする神学者が現れた。それが1200年代に生きたトマス・アキナスである。彼は『神学大全』という本の中で、アリストテレスの「偶然」について論じている。目的は、アリストテレスの優れた哲学をキリスト教へ取り込むことにあった。

アリストテレスは異教徒として扱われていたので、アキナスは彼の弁護をし、このように主張した。たとえばあなたがある朝、美しい人と道で当たって、彼女が持っていた本を落としてしまう。それが縁で二人は結婚する。これは完璧に偶然である、と考えるのは人間の浅はかさだ。すべては神の意志であり、それは人間には把握できないもの。すなわち神から見れば必然、神の意志での結婚である。人間からみれば、それは完璧な偶然に見える——。

アキナスが書いた「偶然」とは、存在することも可能だし、存在しないことも可能なものなのである。神の意志でどちらになるかが決まるわけであるから、人間にはわからない。

この「存在することも可能だし、存在しないことも可能なもの」、これをアキナスはラテン語でこう表現した。

Quod potest esse et non esse

これをシェークスピアが使って、有名なハムレットのセリフ「to be or not to be.（生きるべきか死ぬべきか）」が生まれたようなのである。

実は神様を考えなくても、アキナスの考え方は、偶然と確率と人間の関係を教えてくれる。

自然現象の中でも、空気の流れから当然起こる現象であっても、人間から見ればまだまだ偶然に見えるゲリラ豪雨のような事象がある。人間の能力が足りなくて、ゲリラ豪雨を１００％予想できない。ゲリラ豪雨が起こる確率を90％まで予想しても、10％は起こらない可能性が残る。ゲリラ豪雨に遭うほうから見れば、起こるかどうかは偶然である。

サイコロの目の出方のように、全部の目が出る確率が同じでも、それぞれの目が出ることは偶然である。また宇宙の中のゆらぎは偶然に起こって、銀河系が偶然にできる。

必然的に起こっていても、人間が偶然起こったと理解してしまうことがある。サイコロの出る目のように、本当に偶然に起こることがある。この二つのことの区別もつかない人間が、確率によって偶然を管理することなど、とうてい不可能である。

どこかの地方では地震が70年以内に何％の確率で起こると予測したとしても、今年に起こるかもしれないのである。それは誰にもわからない。

7 優性遺伝と劣性遺伝

天才という人たちには奇行がついて回る話が多い。

しかしこつこつ普通に研究し、エピソードもあまりない目立たない天才もいる。

普通の人に見える天才が、生真面目《きまじめ》で優しいメンデル（1822〜1884）である。

メンデルといえば、エンドウ豆の人工交配による遺伝実験によって「遺伝子の伝達の法則」を発見した人である。オーストリアのブリンの修道士であった彼は、地道な実験結果を数学的に取り扱い、遺伝の法則にたどり着いた。

だが当時の学会は、彼の成果をまったく理解できなかった。遺伝子、染色体という概念がなかった。それとともに数学的に処理するという方法論自体が、受け入れがたいものだったからだ。それで、メンデルの研究は、生前は認められなかった。

多くの天才がそうであるように、メンデルの場合も結果にいたる手段が天才的である。天才的な発想で予測された結果と同じくらい、「実験方法」や「結果を証明する手段」が重要な意味を持つ。

しかし生真面目な天才の死後、「実験結果捏造《ねつぞう》」の疑いが浮上した。

何を捏造したというのだろうか。

最も大きな疑惑は、「実験結果が綺麗《きれい》すぎる」というものだった。

あたかも予想する結果に合わせて、エンドウ豆の個数を調整したかのように、実験結果が良すぎるというのである。

そんなことがどうしてわかるのか？

現在でも、我々がメンデルと同じタイプの遺伝の実験をしても、メンデルの結果ほど良い結果が得られないからである。

さらに集団遺伝学者であるとともに有名な統計学者であるフィッシャーによる批判がある。彼の批判によれば、メンデルのある実験結果が、実は間違った数値に非常に近い結果を出している。すなわち間違えた結果を予測してしまったのだが、実験結果をその予測に合わせているというのである。

遺伝子のヘテロ（Aa、aAの組み合わせ）とホモ（AA、aaの組み合わせ）の実験では、ヘテロとホモの比率が、正確には2：1ではない。

しかしメンデルの実験結果は、399：201というほぼ2：1という結果を出している。ということはメンデルがあらかじめ間違って予想していた結果に、無理に実験結果を合わせているという疑いがもたれる。このタイプの間違いは他の実験にもある。

もう一つ疑惑がある。エンドウ豆の性質の中で、メンデルが選んだ七つの観察特徴が、すべて独立遺伝の法則に従うということである。

観察特徴というのは、豆が黄色とか緑だとか、皺があるとか、つるつるとかなどである。

独立遺伝の法則とは、観察している特徴をつかさどる遺伝子が重複して一つの染色体に乗らない。すなわち、それぞれが独立して遺伝しているということ。

エンドウ豆は7対の染色体をもっている。メンデルはその別々の7対の遺伝子に乗る特徴を選んでいるが、それらのすべてが独立遺伝の法則に従っている。偶然にしてはちょっとできすぎだという人がいる。

その選び方が起こる確率は、500回のうち3回しか起こらないのである。上手に実験しやすい遺伝子を選んでいる、というより上手すぎる選び方である。

これらの批判に対しては、1971年のウェイリング、1977年のダグラスとノビッキーの弁護がある。実はメンデルの選んだ観察特徴は4個が同じ染色体に、残りの3個も別の一つの染色体に乗っていたのである。厳密に言えば独立遺伝ではなかった。

なぜ、メンデルが選んだ観察特徴が独立遺伝の性質を持っていたのだろうか。

それは、染色体上で離れたところにある遺伝子がつかさどる特徴は、独立遺伝の法則に従う、という事実による。

この事実の判明により、メンデルに対する独立遺伝に関する疑いは晴れた。

メンデルの優性遺伝と劣性遺伝に関する考え方は、現代の遺伝学に大きな影響を与えている。血液型などがその典型である。A型B型は優性で、O型は劣性であるということは、学校の生物の定番になっている。

メンデルの法則にしたがえば、優性遺伝子のほうが現われやすく、生物の特徴として残りやすい。確率を考えれば、O型は減少するはずである。しかし劣性のO型が人口の70％を超える地方もある。この理由は、はっきりしているわけではないが、O型が病気に強いという性質を持っているのではないか、ということである。病気になる確率が大きいところでは、劣性のO型が残るようになるわけである。

自然が作り出す突然変異というのは、人間が机の上で考える確率だけではわからないレベルで、バランスを取っているのである。

8 自然は無駄をしない

メンデルの実験は自然のシステムを解明するきっかけを作った。優性遺伝と劣性遺伝があり、数学的に遺伝を解析できるようになった。つまり、遺伝が関係する病気にかかる確率を使って病気にかかる人の人数を予測するような研究の先駆けになったのである。

優性遺伝と劣性遺伝という言葉は、何か優性が強くて良い、劣性は弱くて悪いという印象を受ける。それで劣性はなくなっても良いという単純な発想を持つのが、人間の悪い癖である。

自然は無駄をしない。劣性な遺伝があるということは、その存在に何か必要性があるからだ。たとえば赤血球の中には円形にならない鎌形の赤血球を作る劣性遺伝子がある。この赤血球はヘモグロビンを運ばない。だから酸素を吸っても貧血状態を作ってしまう。それで亡くなる人もいる。

しかしこの鎌形赤血球を持っていると、マラリアに強いのである。マラリアに感染する可能性が高い地域では、鎌形赤血球の劣性遺伝子を持つ人が生き残る確率が高い。マラリアにかかって死ぬ確率が低いからだ。

いっぽうマラリアに感染する可能性が低い場所では、鎌形赤血球は貧血の原因になるので発現するのは困る。だから劣性遺伝であり、鎌形赤血球ができないようになっている。

このように自然は、突然変異で偶然にできた鎌形赤血球の劣性遺伝子で、人間を守ってくれている。

遺伝的な発想から人間がする品種改良は、メンデルの数学的な解析のおかげである。しかし自然の生物を、人間の浅知恵でいじると無駄をすることがある。人間は白いトウモロコシを作りだした。これを作るときには、白いトウモロコシの種だけを畑にまかなければならない。近くに黄色いトウモロコシがあると、せっかくの品種改良が無駄になり、白いトウモロコシが黄色いトウモロコシに逆戻りしてしまう。

数値的に設計された品種改良の作物は特別な環境に置かないと、自然の状態に戻ろうとする。先祖がえりが起こるのだ。

さらに寒冷地にもお米が作れるようにと、品種改良をした。これが地球の温暖化によって打撃を受けている。平均気温が高くなったことによって、寒冷地向けのお米が弱い種になってしまうのだ。

自然が作る偶然のシステムは、長い時間の間に安定が来るように動く。人間の目先の利益だけで考えた品種改良は、ほっておけば元の性質に戻ってしまう。また人間が無理に作った品種は、寒冷地用のお米のように、結果的には人間に利益をもたらさないかもしれない。

自然のシステムには勝てないのである。

9 13日の金曜日

ヨーロッパに「13日の金曜日クラブ」というのがある。13日の金曜日に、はしごの下をくぐり、傘を開いて部屋に入る。そして皆で飲んだくれる。世間が嫌がる迷信を、酒を飲みながら笑う。私にはそんな度胸はないが、敬虔なキリスト教徒（敬虔だったらそんなことはしないかもしれないが）にも、洒落のわかる人がいるようだ。

もちろん、迷信といわれることの中にも、真実が含まれることがある。すべてを否定したり、非科学的だと言ったりするのは間違いだと思う。

迷信といわれるものは、偶然の出来事から生まれることがある。しかし偶然だと思われていることが何度も起これば、そこに何かの理由があると考えられる。偶然ではなくて、必然の場合もある。その理由を研究するのも、科学の役割の一つである。

本来は忌み嫌われている13日の金曜日が、なんとなくよくあるのではないかと、思ったことはないだろうか。

この日にはちょっと不思議なことがある。

今われわれが使っている西暦は、グレゴリウス暦といわれる。グレゴリウス暦は1582年ローマ法王グレゴリウス13世が施行した暦である。それまでのユリウス暦を使うと、キリスト教の重要な行事「イースター（復活祭）」が現実の季節からずれるため、修正しようとして定めたものだ。

このグレゴリウス暦の構造は、400年を一区切りとしてグレゴリアンサイクルと呼ぶ。このサイクルを繰り返して、カレンダーができている。グレゴリアンサイクルひとつに、正確に2087１週が含まれている。カレンダーの一週間は7日である。それぞれの日にちに曜日が対応する。普通に考えれば、10日は対応する曜日がいつでも火曜日、などということはないはず。特定の日に対応する曜日は、まばらにそれほど偏《かたよ》らずに対応するはずだと考えるのが普通だろう。

ところが実際に計算してみると、特定の日付には、ある特定の曜日が多く対応するようになっている。興味のある方は、パソコンソフトのエクセルでも計算が可能であるので、試して見られるとよい。

これを綿密に調べたバーナードーヤロップ氏の論文によると、月の初めが日曜日になりやすく、13日の金曜日は400年の間に688回、木曜日は684回である。400年の間に4回の違いであるから、それほど騒ぐことではないかもしれないが、グレゴリウス暦のシステムを作ったとき、偶然このようなことが起こるプログラムができてしまった可能性がある。

暦の計算を正確にするのは大変な苦労を要する。イエズス会、ドミニコ修道会の優秀な教授が中心となって、計算したという。彼らには13日は金曜日が多くなるということがわかっていたはずである。

この場合、13日が金曜日になる確率が高くなるという表現は正しくない。サイコロを振って1の目が出るということとは異なるからだ。13日は、金曜日になる回数が400年の間に4回、他の曜日より多くなる。カレンダーを使っている側は、13日に金曜日がくる確率が高いね、というかもしれない。

7日で一週間というカレンダーの周期で、400年のグレゴリアンサイクルに含まれる月日の繰り返しを計算すれば、688回が13日の金曜日になる。これは確率ではなく、グレゴリオ暦の決まりから計算できるシステムとしての事実なのである。

月の初めが日曜日になることが、少し他の曜日よりも多い。13日も金曜日になることが少し他の曜日よりも多い。特定の日が、特定の曜日になるように作られているように見えないこともない。

嫌われる「13日の金曜日」が少なくなるようにシステムを作るのが普通だと考えられる。特に教会の権威を示す暦に忌み嫌われる日が多く入るのはちょっと不思議な話である。

しかしローマ教会は優れた科学者が属している組織である。それゆえ科学者たちが、

13日の金曜日を気にするより、暦の正確さを優先した可能性が充分に考えられる。さらに13日の金曜日はキリストの処刑された日ではなく、処刑されたのは14日の金曜日だったという説がある。そうであれば、ローマ教会の科学者たちは間違いなく暦の正確さを優先させただろう。ちなみに13という数字が嫌われるのは、最後の晩餐の時にキリストを裏切ったユダを含めて12人の弟子とキリストの13人で食事をしたからだといわれる。

13日の金曜日は、暦の事実として少し他の曜日より多くなる。これを、暦のシステムを知らずに偶然と思う人もいる。偶然ではないのだが、勝手にそう思ってしまう。

勝手に思い込む偶然と、宇宙の最初のゆらぎのような本当の偶然もある。それを一緒にしてはいけない。

13日の金曜日のように、必ず起こることでも、偶然に見えてしまうことがある。さらに現実の中には、本当に偶然で起こることもある。必然的に起こる偶然なら、科学が進めば予測可能になる。しかし、本当の偶然は予測できない。

人間がすべてわかっていると思った時に、思いもよらないことが起こる。莫大な投資をしたのに、気象条件などで、株が破綻して大損をすることが起こる。驕《おご》った気持ちには、偶然に起こる事実の入る余地がない。だから「なんでこんなことが起こったのか」とか「想定外」とかいう言葉を使うことになる。

いつでも偶然に起こる危険性を考える人は、無理をしない。危険なことに対応する余裕を残すためだ。こういう人は、大きな利益を得ないかもしれないが、大失敗をすることはない。

偶然とつきあうためには、ほどほどということが大切なのである。

10 「氏より育ち」は正しいか

学力の遺伝は、昔から心理学者などが研究している。

以前、教育心理学などで、「後退の法則」という話がされていた。この法則はかなり昔の調査結果で、それによれば学力の高い親の子供は、親より学力が落ちる確率が高い。学力の低い親から生まれた子供は、親より学力が高くなる確率が高い。この結果を、最初の親の学力が高い場合だけを見て、「後退の法則」と呼んだらしい。まだ統計学が正確な形で教育心理学に入っていない時の結果であるから、今はあまり教えなくなったようだ。

現在、学力の遺伝については多くの事例をもとに、かなりの規模で研究がなされ、結果が出ている。

我々にとっては残念な結果だが、「勉強は努力をすれば、誰でもできるようになる」という誰もが信じようとしていたことが崩れはじめている。

また「あなたの子供が、そんなにできるわけがない」を証明する研究結果が、たくさん出てきている。

遺伝学者は「遺伝率」という言葉を使う。科学を研究するときに、言葉が何を意味するかをはっきりさせることはとても大切だ。遺伝率とは、ある集団の中での個人差を、何％まで遺伝が原因だと言うことができるか、ということである。また、遺伝が原因となることを遺伝的という言葉で表すこともある。

たとえば、ある集団の「確率の計算」能力が50％遺伝的、すなわち遺伝率50％と言ったとする。その意味は、「確率の計算」能力の50％が遺伝で説明できて、残りの50％は他の原因（たとえば練習の回数など）である、ということだ。

50％遺伝的というのは非常に遺伝に支配される度合いが大きいということだ。この50％を、五分五分といった感覚、すなわち遺伝に支配されるかどうかが五分五分という感覚で理解してはいけない。

「確率の計算」能力の程度が50％は遺伝で説明できるということだ。遺伝以外に考えられる要因はかなりある。そういうすべての要因を考えても、遺伝に50％も支配されるということになる。この50％は確率としてはとても高い。

しかし、このような能力についての調査はとても難しい。調査結果の分析にも難しい問題がいろいろある。そういった問題解決のために新しい統計理論の発展が必要となってくる。

それでは統計理論を駆使した「学力」の調査結果を見てみよう。

「学力」が、環境に依存するのか、遺伝的なのか、どちらなのか。

つまり日本で言う「氏より育ち」が正しいのかどうか。

この問題に対処するには、一卵性双生児とそうでない人の組を多数作って比較することが、一般的かつ基本的な方法である。

１９７５年からプロミンとディフリースのグループで２００組以上の養子とその生みの親を使った調査「コロラド養子プロジェクト」がある。この調査は、知能についての生まれと育ちの相関関係を調べている。調査結果は、遺伝率は言語能力が50％、空間能力でも50％である。

また2000組にも及ぶ双子の調査では、国語・数学・社会・理科の学業成績の個人差は40％が遺伝的であると結論された。さらにＩＱや性格形成の遺伝率も50％が遺伝的であるという結果が得られている。

現在、知能などはかなり遺伝的であるということが、研究者の間では定説に近い。つまり「氏より育ち」は正しくなく、「育ちより氏」なのである。

それで差別が起こるかどうかはまた別問題である。中には才能のある人間とない人間とが同じ生活レベルであるほうが差別と考える人もいるだろう。学校で教える内容を意味するカリキュラムという言葉は、もともと階段を作って、能力のない人を振り落とすという意味なのである。

ただし、学校の成績と現実社会への対応能力は別問題である。先ほどの調査結果は、社会で成功するかしないかではなく、学校の成績の話である。だから、会社でこつこつ働いている人に、学業成績の遺伝率は無関係と言ってよい。社会で生きてゆく時に、人との出会いで才能を見出してもらう場合がたくさんある。偶然の出会いが一生を決める時もある。学業成績が遺伝的だとわかったとしても、偶然を含んだ社会的な成功まで遺伝的だということは言えない。

成功するためには、人との出会いの偶然と、その偶然を生かす、それまでの努力が必要である。

11 偶然は自然の恵み

子供の顔を見たらよい。あなたにそっくりだ。それは能力にもあてはまる。能力は遺伝する。だからといって努力が必要ないというのは全くの間違いである。

天才が開発した病気の治療方法で、天才自身が何人の人を治せるだろうか。

また企業を立て直す天才が、生きている間にいくつの企業を再生することができるだろうか。

天才といえども所有する時間は有限であるから、高が知れている。だから良い遺伝子をもらった天才が数人いても、社会は変わらない。

けれども天才が開発した方法を、10万の凡人が努力して理解したなら、社会は明らかに変わる。昔の天才が開発した微分積分を、今では何億人もの人たちが理解し、世界中で使っている。それを考えれば、普通の人の努力がいかに大切か、わかるだろう。

人が伸びる社会を作らなければならない。そう思うなら、天才の作ってくれたことを努力して理解し、応用することによって実現できる。

こういう努力する凡人になることが、子供の幸せなのではないか。たいていは、あなたのような凡人なのだから。

天才の子供といっても、天才ではない。知能は遺伝的といっても、遺伝がすべてではない。天才が生まれるのは、やはり偶然に支配されている。天才の遺伝子が発現しなければ生まれないからである。

親が勉強できなければ、子供も勉強できない。だから勉強しないで良いというのは、まさに偶然を知らない人の考え方だ。

各家系には、あまり現れない遺伝子を持っているケースがよくある。そのなかに、とても社会に役立つ遺伝的性質があるかもしれない。それが偶然、子供に現れることはよくある。だから努力して勉強し、有益な性質を刺激して、発現させる必要がある。「天才は1％のインスピレーションと99％の努力である」というアメリカの発明家エジソン（1847〜1931）の言葉がある。この1％に注目すべきであるのだが、先ほども書いたように天才も有限な時間しかもっていない。それを生かすのは、この

1％がない100％の努力をする凡人なのである。

天才の1％のインスピレーションは、偶然が我々の社会に与えてくれた恵みである。その恵みを育てるのは、努力する普通の人たちである。

人は、優れた遺伝子を必ず持っている。常に努力をするというのも、遺伝の力かもしれないのだ。

だが、優れた遺伝子を必ず持っていることを期待しすぎて、欲得で嫌がる子供に勉強させすぎると、せっかく持って生まれた優れた能力をつぶすことになる。

一流になるには遺伝的な才能が必要だ。そして、それを持った天才が生まれるのは、遺伝子と偶然による。だから天才というのは人間が作り出せるものではない。自然に任せるしかない。偶然の恵みなのである。

しかし、一人前になるには努力すればなれる。すなわちこれが「できる」ということなのだ。自然の恵みの偶然、天才を生かすためには、人間はまじめな努力で一人前にならなければいけないのである。

現役としては世界で最も多く彗星《すいせい》を見つけていた、倉敷天文台の本田先生の言葉がある。若い天文好きの青年が本田先生に手紙を書いた。「星が好きで彗星を見つけたい。」その返事が「どうしても彗星を見つけたいなら止めなさい。見つけられないかもしれないから。彗星を見つけられなくてもよいならやってみなさい。見つけられるかもしれないから。」という返事を出されたそうである。この言葉通りではないかもしれないが、意味はこの通りである。

天才がどんな努力をしても、できなかったことはたくさんある。天才でも偶然が味方してくれないと、何かを発見することはできない。普通の能力の人なら、なおさら努力しなければ偶然は微笑んでくれないのである。

数学的な算段が命を守る

第2章

12 月曜日午前十時の恐怖

「魔が差す」という言葉がある。特に夕暮れ時に、ふと悪い考えがおきたりする。また怒りっぽくなる。なんであんな事で怒ったのかと思う。子供はケンカをするという。夕暮れ時というのは夜ご飯が近くなる。当然、お腹がすいてくる。今なら、お腹がすいてくるのは糖分が足りなくなったせいだとわかる。

昔の人は、そういう時間帯に何か悪いことが起こりやすいと感じ取って、この時間帯には魔物のようなものが通ると考え、「通り物」が出ると言っていたらしい。

通り物は「通り魔」に通じる意味を持っている。通り魔というと、今は人間も指すが、元々は「通り物」から発生した言葉と推測されている。この「通り物」が、人の心の中に入り込む。そして悪いことをさせる。だからまた、夕暮れ時を「通り物」という魔物がくるので、「魔と逢う時間帯」すなわち「逢う魔が時（災いが起こりやすい時）」と表現したのだろう。

現代の科学は、それを統計学や生理学で調べようとする。その結果、人間は一日の中でリズムを持って生きているということがわかった。お腹がすいて怒りっぽくなったりするのは、糖分不足という食事のリズムだけが原因ではなく、いわば体内リズムが関係しているという。

突然変異を繰り返して誕生した人間は、交感神経（おおむね全身の活動力を高める働きをする神経）と副交感神経（興奮の抑制、消化器機能の促進）の二つの神経を持っている。この二つの神経の交代によって一日のリズムを作っている。そのリズムの周期は24時間ではなく25時間らしい。それを24時間に調整するのに使われるのが、太陽の光だ。第1章で述べた蚊の場合と同じである。

交感神経と副交感神経の働きが入れ替わる時、人間は休みから活動へ、活動から休みへと変わるのだが、この時に危ないことが起こるようだ。

危ないことが起こるのは、一日の中の二つの神経の交代時間だけでなく、一週間ほどの長めのリズムの中でも起こる。

平成9年の労働災害調査による数字を見てみよう（中小企業経営者福祉事業団発表）。

労災の発生件数全体は１４４３５件。内訳の上位3位は「転倒」・「刃物や工具による切れ、こすれ、刺され傷」・「交通事故」である。

曜日、時間帯を合わせてみると、月曜日の午前十時台が397件で、第一位である。この時間帯に起こる事故が、事故全体に占める割合は、

397/14435＝0・0275

2・75％である。一週間の全労働時間に午前十時台の一時間が占める割合は、労働時間が週40時間として1/40＝0・025

月曜日午前十時台の事故の割合0・0275は、目立って多いというわけではない。しかし一週間の間に、もっと長く工場を稼働しているところもある。だから労働時間に占める月曜日午前十時台の一時間が占める比率は、2.5％より低いはずである。2.5％よりも低い割合を占める時間帯に、事故の件数の2・75％が起こっているということになる。先ほどの計算の数字よりは、現実に月曜日午前十時台の一時間に起こる事故の割合は、他の一時間の労働時間帯より大きいだろう。

もう少し広く時間帯を取って、月曜日の午前十時台を挟んだ九時台から十一時台の三時間の調査を見てみる。この時間に起こる事故は、労働時間の中の他の三時間と比較して多いという報告がある。やはり月曜日午前十時前後の時間帯は、他の時間帯より事故が起こりやすいということになる。

2・75%という確率は、事故が起きたなかで、月曜日午前十時台に事故が起きている確率であって、あなたが月曜日の午前十時台に事故に遭う確率ではない。注意してほしい。そんなにみんなが事故にあったら大変である。50人働いていたら、一人は事故に遭ってしまうのだから。

起きているのは事故だけでない。心筋梗塞なども起こりやすいと医療関係者は言っている。やはり交感神経と副交感神経の交代時間の午前十時台というのは体調にとっても、特別な時間帯なのである。

しかし交感神経と副交感神経が交代するのは、月曜日だけではない。それだけなら他の曜日にもある。交感神経と副交感神経の交代以外にも原因があるはず。

それは何か。

週のリズムの変化である。月曜日というのは土曜・日曜の休日モードから、仕事モードに切り替わる日で、リズムの変化がある。

この「週のリズムの変化」と「神経の交代」が重なることによって、月曜日の午前十時台はまさに「逢う魔が時」、偶然に起こる危険な事故が起こりやすくなる。

では、どうすればよいのだろう。

手段はある。偶然は管理できないといっても、偶然の原因の一部がわかっていれば、その原因を除くことで、偶然に起こる危険の確率は下げることができる。

月曜日午前十時台の「逢う魔が時」から逃れるには、体が自然に仕事モードに移れるように工夫をすればよい。

土曜日はごろ寝で過ごしても、日曜日は寝坊をしない。日曜日も休息に使うことが大切だが、その休息を軽い運動をするとか、仕事と違った何かをするとかして、月曜日の体の動きの準備運動に使うのである。ちなみに日本人はどうも不器用で、運動するというと、一生懸命やってしまう。休息の運動なら、だらだらやってよい。

危険なことが起こりやすいといっても、それはあくまでも確率である。起こると決まったわけではない。確率の高くなる原因がわかれば、危険を完全になくすことはできなくても、起こる確率は下げられる。

こう考えると、なんとなく現代人は優れているように見える。しかし、そうではない。昔の人も、「その時間帯は注意しろ。通り物が通る時だ」と考えて、作業を慎重にしていた。さらに昔の人は日曜日だからといって休まない。ほとんど毎日働いていた。だからたぶん、月曜日午前十時台の事故の増加はなかったにちがいない。交感神経と副交感神経が交代する時だけを、注意すればよかったにちがいない。

数値を使って調べる現代の方法が優れているとか、現代人のほうが原因をすべて把握しているとか考えたら、とても危険である。

先ほども述べたように、事故の起こる確率を下げることができるだけで、事故の確率をゼロにできるわけではない。事故は不注意でも起こる。

事故の確率を下げる努力は報いられた。月曜日午前十時台という時間帯に特に注意を喚起した結果、ここ5年ほどの調査では事故が減ったのである。その代わり木曜日午前十時台、すなわち一週間の疲れが出るころの事故が増えてしまった。今度は木曜日午前十時台の事故を減らす努力が必要になる。

月曜日の事故は減ったが、午前十時台という時間帯は、どの曜日でも要注意の時間帯である。

人間の知恵ではいくらがんばっても体内リズムにはかなわないのである。

昔の人が「通り物」といって注意していたことを、非科学的だと単純に思ったら、それはうぬぼれである。科学では、自然をすべて理解することなどできない。一つわかると、十くらいわからないことが増える。人間が自然をすべて理解することなどあり得ない。

そうであるから、いつでも自然から学び、わかったことが、自然の仕組みのすべてではないと思っていなければならない。そう思わないから、想定外と言われる事故が起きてしまう。

人間には自然の起こす偶然をすべてわかる能力などない――。そういう謙虚な態度で自然から学ぶことが、偶然と上手に付き合う方法なのである。

13 エイズ感染のリスク

病気にかからないようにするためには、その病気をよく知ることだ。病気の性質がわかれば、対処方法が見えてくる。いわれのない恐怖感もなくなる。

病気にかかるのは偶然と考えると、いわれのない恐怖や病人に対する差別が生まれる。

知らないことが原因で発生する偏見や差別が、たいへん多いのをみてもわかるだろう。

病気自体はかなり簡単に治る場合でも、間違った知識で病気に対する偏見ができる。

社会的いじめが起きる。すなわち、病気よりも人間が恐いということになる。

エイズに対する偏見も、最初は大変なものだった。日本でもずいぶん大きくとりあげられ、何がよくて何がいけないかの情報が増えた。多くの人に知られるようになれば、理由のない偏見はなくなる。

エイズはＨＩＶというウィルスに感染することで、人間の免疫が破壊されて起こる病気だ。エイズは免疫系が破壊されるという症状の名前である。その原因がＨＩＶというウィルスである。セックスでも感染する。

では、キスでは感染しないと言ってよいのだろうか？

これに対する解答が、確率に関わってくる。

口の中にきずなどがない場合は、相手の唾液を1リットルほども飲まなければ、キスでは感染しないと言われている。だから、キスで感染することはないと言ってよい。1リットルはたいへんな量で、一升瓶で半分強の量にあたる。

ＨＩＶが多く存在するのは、血液、精液、膣液である。

たとえば、何度か同じ注射器を使用したとしたら、たいへんに危険である。注射器と注射針から、ほぼ１００％の確率で感染する。病気の子供が、病院で治療を受けたことでＨＩＶに感染してしまう可能性が充分にある。日本ではないが、現実に起きている。

セックスではどうだろうか？

これがなかなか難しい。研究が進むにつれて、セックスで感染する確率はかなり低いということはわかってきたが、ゼロになるわけではないし、現実に不特定多数とのセックスが行なわれている場所では、ＨＩＶの感染者数の高い増加が見られる。

具体的な確率としては、１９８０年代、セックスで感染する確率を十分の一として作成されたモデルの計算がある。現在では百分の一で計算した論文や、千分の一であるという学者の意見もある。この数字は次のように使う。式の中に出てくる文字は、次のようなことを表しているとする。

βは一度のセックスで感染する確率。

Ｃは単位時間内にセックスパートナーを何人替えるかの平均値。（たとえば一年に一人とか）

ｙとＮはそれぞれ感染者数と全人口。

このとき病気の感染力は

βC（y／N）

と表せる。（y／N）は自分が選んだパートナーがHIV感染者である確率である。

この式を見ると、（y／N）は現在の感染者の、全人口に対する比率であるから、各自の努力で今すぐ変化させることはできない。βは一度のセックスで感染する確率であるから、それぞれの人で若干の変化があるとしても、一定の値と考えられ、人間の力では変化させることができない。しかし、Cは一年間の間にどれだけセックスの相手を変えるかであるから、自分の心がけで少なくすることができる。この数字をチェンジングパートナーの数と呼んだりするが、各自の努力で減少させることができる。

もしβが十分の一だとしたときに、九人まではセックスをしても大丈夫、などとは間違っても考えてはいけない。各セックスのときに十分の一の確率で感染する可能性がある。確率の理論で考えても、偶然は記憶がないので、いつでも十分の一の危険性があるのである。人間はどうしても偶然を自分の都合のよいように解釈しがちで、自分には感染しないと思っている。だが相手をやたらに変えてセックスしていれば、感染する可能性は高くなる。感染の確率を減らすには、不特定多数とセックスをしないことだ。

要するに、人間の力でエイズを減少させることができる。

さらに一回のセックスで感染する確率βは、コンドームを使うことで減少させることもできる。

すなわち病気がどのように伝染するのかを理解すれば感染を抑えることができる。

偶然ＨＩＶに感染する確率は、ＨＩＶの感染性質を調べれば調べるほど小さくできる。

新しい感染を防ぐために一番よい方法、そして一番お金のかからない方法は、皆がＨＩＶの感染性質を理解することなのである。

二十年以上前であるが、アメリカのＨＩＶ感染の数理モデルの学会で、イスラエル出身の教授に、

「アメリカはゲイが多いから大変でしょう」

と聞いた私に、

「ロサンジェルスなどは、もう充分に教育したから大丈夫。それより日本は東南アジ

ア で 大丈夫なの。危ないわよ」

という彼女の答が印象的であった。この質問には、答えようがなかった。

さらに心配なことは、高齢者の間で感染が進む傾向にあることである。バイアグラなどの薬の普及と、高齢者は子供ができることを心配しないことから、コンドームを使わない傾向がある。これが感染を助長する働きがある。感染は年寄りにも若者にも平等である。

いつでも偶然は、すべての人に平等である。誰にでも良いことが起こるし、悪いことも起こる。

偶然に悪いことが起こるのは、自分だけは大丈夫と思って注意を怠った時である。誰でも、コンドームを使えば感染の確率を下げられる。使わなければ感染の確率は上がる。

だから、自分だけは大丈夫だというおかしな自信は捨てなければいけない。

ところで、ＨＩＶを見ているとちょっと不思議なことがある。

自然は無駄をしないのが基本である。

ＨＩＶも、偶然の突然変異を繰り返した結果できたウィルスで、猿の体の中では共存している。すなわち猿はエイズを発症しないので、猿は死んだりしない。

人間の体の中に入れば、人間はエイズを発症して死んでしまうことがあり、HIVも滅びてしまう。だからHIVにとって人間はベストな宿主、居場所ではない。ということは、本来、HIVは人間の中に入らないウィルスなのだ。それが、なぜか偶然、人間の体の中に入ってしまった。HIVにとって失敗してしまったことになる。

この失敗を、失敗でなくするために、HIVがもう一度、突然変異を起こす可能性がある。すなわち人間と共存できるように突然変異するかもしれない。そうなれば安心できる。しかし、これは人間だけが特別だと思う発想につながるかもしれない。

もちろん自然は無駄をしない。自然と共存する努力をしない人間を、自然が邪魔もの扱いしている可能性もある。

すなわちHIVは、自然から人間に放たれた刺客である可能性だってある。それこそが無駄をしない自然の姿のような気がしてしまう。

14　親の虐待にあう確率

以前、テレビのドキュメンタリー番組を見ていて驚いたことがある。アメリカの女医が出てきて、知的発達障害の原因は3／4が後天的だという。他の子供より一年ぐらい知能の発達が遅れている4歳ぐらいの子供の例が出てきた。このくらいの知能の遅れは後でいくらでも回復できる。問題はそこではない。母親がその子を可愛く思わないらしく、話しかけないという。

そんな母親の態度が原因の、知的発達障害児であった。

「何で周りの人がこの子を可愛いと言うのか、わからない」

これが、母親の発言であった。親が子供に話しかけたり、あやしたりすることがどんなに子供の成長に影響するかがわかる話だ。

むろん知能の発達にも深い影響がある。子供の知能発達の原因を遺伝子とか、その発現がかかわる偶然が起こすものだ、人間のせいではないと言いたいため、すなわち責任を逃れたいがために偶然のせいにする。

しかし科学的な調査は、知能発達の原因の3／4は親、すなわち人間の責任であるという結論を出している。

人間は都合の悪いことは偶然の責任にするようだ。人間のずるさである。しかし偶然に責任をなすりつければ、自分で避けたはずの危険をまともに食らうことになる。その重要な例が、子供の知能の発達ということになる。

このドキュメンタリー番組、実は知能の発達についてのものではなく、アメリカの幼児虐待に関するものであった。子供を可愛いと思えないと言った母親は、自分の子供を虐待していたのである。

日本ではアメリカで起きた現象が、10年くらい遅れて起こる傾向がある。平成18年度に全国の児童相談所で対応した児童虐待相談対応件数は、37323件で、統計を取り始めた平成2年度を1とした場合の約34倍、児童虐待防止法（新）施行前の平成11年度に比べ約3倍強と、年々増加している。

虐待内容は、次のような事例がある。

「身体的暴行（たばこの火を押し付けたり、殴ったりする）」

「保護の怠慢（入浴させないなど）」

「心理的虐待（なぜ生まれてきたの、とか言うこと）」

「性的暴行」

「登校禁止（学校に行かせない）」

このままでは、俗に言う倍々ゲームでとんでもないことになる。

そこで、今もしあなたが死んで、お釈迦様の思し召しで再び人間界に生まれ変わった場合、不幸にも虐待される確率はどのくらいになるのだろうか。

児童のいる世帯数を約1300万世帯とし、虐待件数を少なく見積もって37323件とすると、
37323／13000000＝0・00237
0・237％である。この数字を小さいと思ってはいけない。子供の1000人に二人くらいの割合で虐待されていることになる。子供のいる世帯数が多くなれば、さらに子供が虐待される可能性は高くなる。現在でも37323人の子供が虐待されているという事実が大切なのだ。

アメリカの例では、幼児虐待の原因の一つは生まれたばかりの子供をある期間、無菌室のような所に入れて、親から離してしまうことが大きかったと考えられている。新生児を隔離するのは、生まれてすぐにかかる可能性のある病気を防ぐためであった。

だが、生まれてすぐに親のそばに置かないと、親の中に子供への愛情が育たないらしいのだ。また子供にも親への愛情が育たないらしい。

病気を防ぐために新生児を隔離する。その隔離することが児童虐待の原因の一つになるということを、誰が予想しただろうか。そして、それが結局は子供の知能の発達に悪影響を及ぼすと誰が考えただろうか。

長い間に、自然が偶然に作り上げてきたシステムがある。人間が良かれと思ってしたことが、自然のシステムに合うかどうかを判断する力は、残念ながら人間にはない。人間はそれほど自然をわかっていない。自然が力学的に動いている部分さえ充分にわかっていない人間に、自然が偶然に動いている部分などわかるはずがない。

昔の人たちは、子供が生まれたらすぐに親のそばに置いていた。今、科学的と言われる余計な知識を持ったおかげで、人間は自然を感じるという能力を鈍らせたのだろう。

昔の人がしていることは、長い間の経験からそうしていることが多い。そうしなければ悪いことが起こるという、知識の蓄積である。これこそ、科学的と言うのではないか。昔の人たちは少なくとも自分たちの責任を、偶然のせいにはしないだろう。

普通に性生活をしている夫婦が一年間に子供を授かる確率は、23％程度だ。そして受精卵の大きさは、削った鉛筆の先でぽんと打った点ほどである。その一つの受精卵が細胞分裂を繰り返して何億もの細胞を作り出し、人間ができあがる。自然が突然変異の偶然で作り上げたこのシステム自体が、偶然が起こした奇跡である。

このことだけでも、地球に生きている生物を大切にしなければならない理由になるだろう。ならば科学は、地球の自然や生物から学ぶという態度をいつでも持っていなければならない。自然を変えようとか、自然を支配しようとかいう発想は、人間のおごり以外の何物でもない。自分たちが、自然のシステムの中でしていることが、未来においてどんな結果をもたらすか。それを予測する力は人間にはない。

謙虚に自然を観察すれば、そのバランスが自然の持つ偶然の力の結果だということが、少しは理解できるかもしれない。さらに偶然がどのように私たちに影響を及ぼしているのかも、少しはわかるかもしれない。

15 広がる院内感染の不幸

軽い風邪をひいて病院に行ったりすると、かえってひどい風邪をもらってきたりする。

もっと深刻な例は、ガンで入院している人が風邪にかかったりすると、抵抗力がなくなっているせいで肺炎になってしまったりする。

いわゆる院内感染である。病院というのは、いわば菌の屯《たむろ》する場である。

最近は、とんでもない菌が突然変異で現れている。そのため抗生物質が効かない病気の報告が相次いでいる。キニーネの効かないマラリア、抗生物質の効かない結核などだ。

このように今までの薬、特に抗生物質が効かないパワーアップした病原菌が突然変異で現れる。これらの菌を薬剤耐性菌と呼ぶ。

厚生労働省は事態を重く見て、院内の薬剤耐性菌の実態調査をしている。院内感染と言えば、メチシリン耐性黄色ぶどう球菌（ＭＲＳＡ）や、バイコマイシン耐性腸球菌（ＶＲＥ）が有名である。これらの病原菌の感染データを集めているが、アメリカの結果だと、かなり前の調査の数字だが、集中治療室にいる患者のなんと13％がＶＲＥに感染していたという報告もある。この数字からも、ほっておいたら大変な問題になることがわかる。あの病原性大腸菌Ｏ―１５７にも薬剤耐性菌が報告されている。

現代人は綺麗好きである。清潔なのはいいが、薬をたくさん使うと、細菌の中で、もともと少数派であった薬剤耐性菌を主流派にしてしまう可能性も高い。

われわれ人類は、むやみに抗生物質を使う危険性を認識しなければならない。自然の中に存在しているものは、何らかの役割があるということを考えなければならない。そうでなければ淘汰されて、消えているはず。

自然は無駄をしない。人間の腸の中の大腸菌も、それがいることで他のもっと悪い菌の増殖を抑え、人間の健康を保ってくれている。

いつも人間中心に考えていると、少しでも人間に悪いものは叩こうとし、相手の存在意義を認めなくなる。

悪い菌を殺そうとして使った抗生物質が良い菌まで叩いて、その数を減らしてしまう。すると今度は悪い菌が増殖しやすくなる。

このようなことを繰り返していれば、自然界では起こりえなかったはずの突然変異が起きてしまう。

なぜなら菌にとって抗生物質というのはストレスである。そのストレスに、菌は抵抗しようとする。その結果、菌は人間の予測不可能な突然変異を起こし、人間が対応できない菌、すなわちメチシリン耐性黄色ぶどう球菌（MRSA）や、バイコマイシン耐性腸球菌（VRE）となる。

ここに自然の起こす偶然を理解できない人間の力のなさというか、人間の知恵の底をみる思いがする。

自然というのは、偶然の突然変異を繰り返して生物を作った時に、種《しゅ》が存続できるように色々な工夫をしている。たとえばイネのような植物は自分では移動できないので、身を守るために自分からある成分を出して害虫を近づけないようにしている。

イネより進化している人間の体の中には、あらかじめ病気にならないようなシステムが作られている。さらに万が一病気になった時には、自分で治すシステムも作られているはずである。

抗生物質を作って病気を治すことは、けっして悪いことではない。ただ、人間が本来持っている病気にならない力を使っていないということになる。

自然のバランスの中で人間が生きてゆくためには、病気を自分で治す力を増強してくれる薬を作ること。そして病気にならないようにすることが、自然の起こす偶然が教えてくれる、ベストの人間の生き方であるように思われる。

自然に逆らうような薬の開発の仕方では、人間自体が生きられなくなってしまうことも考えられるのである。

16 自然のバランスを崩す自殺

私の知っている専門学校の先生の頭に、工事現場からモノが降ってきた。幸い命に別状はなかったが、先生は2ヶ月ぐらい学校を休んでしまった。

都会は何が起こるかわからない。天から人が降ってくることもある。こういうことが起こる確率は本当に小さい。1/20000よりはるかに少ない。こういう確率を数学や物理では「起こり得ない」、すなわち「可能性ゼロ」と考える。

しかし、それは理論上のことで、起こってしまうこともある。

だから、このような確率を考えて保険を作らなければならない時がある。

たとえばゴルフのホールインワン保険などは、約1/20000の確率でホールインワンが起きると計算し、ホールインワン祝賀パーティの保証をする。

天から人が降ってきても、助かった話はいいが、飛び降り自殺の人が上から落ちてくるのは困る。その人に当たってしまうのは、もっと困る。上から落ちてきた人に当たる偶然は、ほとんどないだろうと思うと、思ったよりある。

平成元年8月京都で特急から駅のホームに男性が飛び降り、短大の女学生に衝突。男性は死亡、女学生は軽症。

平成4年11月横浜でショッピングビル8階（約42m）から飛び降りた女性が路上にいた男子高校生に激突、両方死亡。

平成8年2月東京でマンションから男性が飛び降り、道路を歩いていた男性に衝突、飛び降りた人は重態。歩行者は約2週間の怪我。

もう一つ私の記憶に別の事件があるので、9年間に少なくとも五件。これからすると、日本のどこかで一年間にこんな不幸な事件が起こる確率は、5/9である。二年に一回は起こっていることになる。

ただし、自分がこういう偶然に遭遇することになるかというと、また別の話になる。日本にいる人が一億人として、誰かがこういう偶然に遭《あ》う人に選ばれる確率は、1億分の1。これに先ほどの一年の間にこのタイプの事件が起こる確率5/9をかけて、9億分の5。9億分の5が、あなたが一年間に飛び降り自殺に巻き込まれる確率である。ほとんど起こらないと思ってよい。

しかし、日本の自殺者数は多い。日本では毎年三万以上の人が自殺で亡くなっている。世界六位である。一人が自殺する確率は約０・０００３で、一万人に三人の確率である。

完全自殺マニュアルのような非常識な本もあったが、自殺を考えるぐらい細かいことを考えられる人なら、何かに、かなりの能力があると考えていいと思う。ただまじめな顔をして、人間の命は地球より重いと言うだけで何もしない者とは違うと思う。

地球より人間は軽い。人間は地球の一部で、自然に生かされているからだ。

国連の世界保健機構ＷＨＯはこんな発表をしている。「変死の原因の約半分は自殺であり、また自殺により毎年約１００万人が死亡しているだけでなく、自殺による経済的損失は数十億ドルとなっている。」

このように、現実的な経済効果から考えても、自殺は巨大な問題である。しかし、ＷＨＯは続ける。「自殺の大部分は予防できる、すなわち人間が生きていく時の知識を正確に持っていれば防げる。これは、水道や下水の完備などの必要性を説明したり、それを作ったり、病気の感染を教育で防いだりする『公衆衛生』の問題と同じなのだ」と。

受精卵から、細胞分裂を繰り返し、あなたができた。この細胞分裂が完全に繰り返されること自体、大変な確率の低さなのである。さらに、その前に突然変異が何度も起きて、人間ができて、あなたがいるわけである。そこまで考えると、あなたがいる確率は0といえる。確率0にもかかわらず、あなたはいる。自然が作ったのだ。人間だけでなく、自然の営みの中にあるものはすべて、偶然できあがってきたものだ。それにもかかわらず、すべてのものがバランスをとって生きている。

ということは、バランスを保つためにそれぞれの生物が自然に貢献しているといえる。ならばその一部である人間も貢献している可能性が高い。すなわち、人間は自然に生かされていることを考えれば、与えられた生命を人間の考えだけで短くするのは、間違いだろう。自然のバランスをとるものが、一つ減るのであるから。

17 飲酒とガン

まず日本人の死亡原因について考えてみよう。

次の図は、厚生労働省の平成18年の人口動態統計月報年計（概数）の概況である。

これが日本人の死因の主なものである。

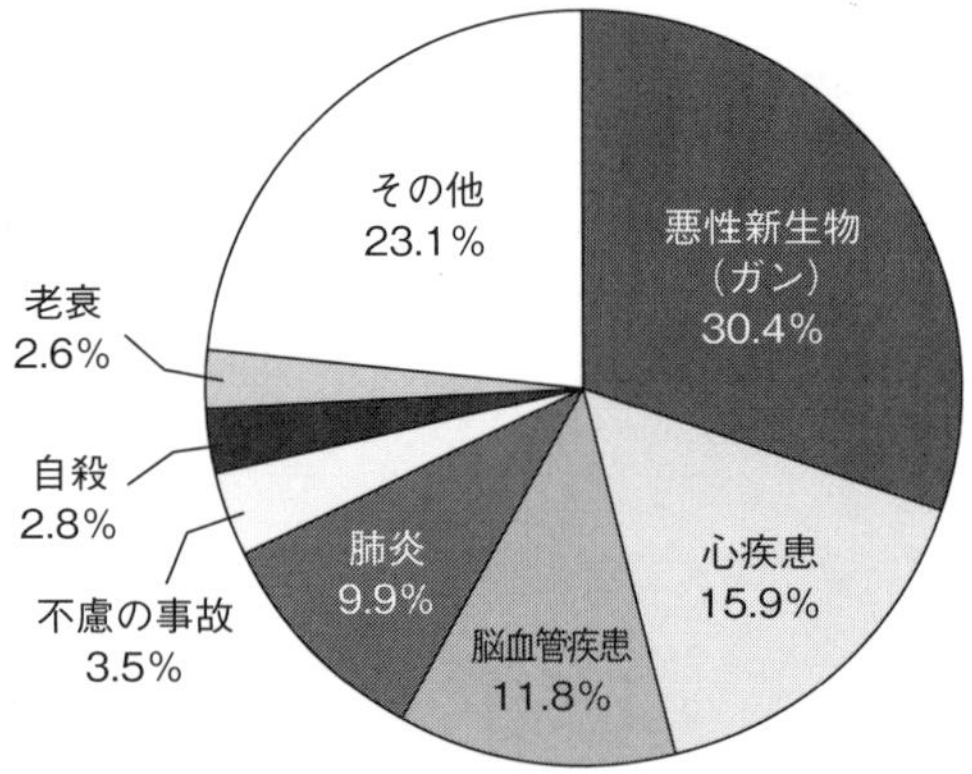

主な死因別死亡数の割合(平成18年)

「厚生労働省：平成18年　人口動態統計月報年計(概数)の概況」より

次に左の数値を見よう。

口腔ガン　2・83

咽頭ガン	2・87
食道ガン	2・28
直腸ガン	1・30
肝臓ガン	1・26
肺ガン	1・35

これは、アルコール常飲者とそれ以外の人との病気になる危険度の比率である。

ここでいうアルコール常飲者とは、一週間に三回以上飲み、一回にビール大瓶1本以上、日本酒なら1合以上、ウィスキーならダブル1杯以上である。

この数値は、お酒を飲まない人に対して、いつも飲んでいる人のガンになる確率の比率を集めたものだ。

これらのガンの他にも、多くの病気がアルコール常飲者のほうに危険度が高い。さらに、自殺の可能性もアルコール常飲者のほうが高くなる。

特に顕著だったのは、S状結腸ガンとアルコール消費頻度とが密接に関連していることだ。

突然私が胃炎になった時、医師は刺激物がいけないと言った。その刺激物の中に、唐辛子などの辛いものと一緒に、お酒も立派な刺激物として入っていた。すなわち、お酒は刺激物なのだ。

赤ワインもお酒であるが、心臓病などのリスクを減らすという研究結果がもてはやされて久しい。それで赤ワインを、がぶ飲みし始めた人もいる。

一つの病気に効くからといって、別の病気を引き起こす危険性を忘れてはいけない。しかし、人間は自分の都合の良いように解釈することが多い。心臓病になりにくいということだけに注目して、ガンになる確率が高くなることを無視してしまう。

体の一つの部分に良いからといって、体全体に良い影響を与えるとは限らない。自然と同じように、人間の体も偶然の力を借りて長い間に突然変異を繰り返し、体全体の仕組みを作り出してきた。その仕組みの細かいところは、人間にはまだまだわかっていない。体の仕組みをすべてわかっていない人間が、一つの臓器に良いからといって、赤ワインのような刺激物をがぶ飲みすること自体間違っている。

人間は、体の中の粘膜を守るために体内に乳酸菌などの良い菌を持っている。お酒はその粘膜に対して、刺激物として作用する。せっかく良い菌が体を守ってくれていても、お酒がその作用を壊すようなことをしてしまう。

アルコールに関係する病気は、ガンだけではない。アルコール依存症は非常に厄介な病気なのだ。

特に女性は、アルコール依存症にかかりやすい。日本では、女性のアルコール依存症者の新規受診者数が年々増え続け、1982年から1986年の5年間の調査で2.2倍。アルコール依存症者の新規受診者全体に占める女性の割合も6％から12％となっていることが、全国の女性アルコール依存症治療施設14個所の調査でわかっている。

なぜ女性はアルコール依存症になりやすいのか。

キッチンドリンカーのように、気軽にお酒を飲めたり、家庭内の問題があったりする環境もあるが、ここでは肉体的観点からの原因だけに留める。ノースダコタ大学のウィルスナック博士によれば、こうである。

第一：遺伝子に関係する要因が発現しやすい。近親者にアルコール乱用者がいる場合、特に注意が必要である。

第二：女性は男性より脂肪が多い。そのため水分が少なく、アルコールを希釈する能力が低い。さらに代謝も異なり、アルコールを分解する主要な酵素の活性が女性のほうが低い。このことから、酔いやすい。

ということは、同じ量のアルコールを摂取しても、男性よりアルコールの分解能力が弱いので、体に対するダメージが大きい。アルコール依存症になると、男性より女性のほうが、死亡率が高い。

第三：肝炎と肝硬変にかかりやすく、乳ガンの場合は特に顕著である。アルコールにより、女性の体内でエストロゲンという女性ホルモンが増加し、乳ガンの進行を助長する。

エストロゲンは健康増進に役立つという研究結果があるが、この場合は、乳ガンの進行を助長するように働く。

体のバランスをとっているホルモンでさえ、体に悪影響を及ぼすことがある。ましてアルコールが骨粗しょう症や心臓疾患に、保護作用を持つといっても、ほかの場所には前述のように危険物質となる。一日1杯の酒で良い効果と悪い効果が帳消しになる程度の、良い効果しかない。

お酒をたしなむガイドラインは、女性は日本酒で平均して一日半合、男性は1合以下にし、必ず飲まない日を作ることをウィルスナック博士は勧めている。

効果が少しあって、悪いことがいっぱいあるのがお酒だが、人間はお酒の分解酵素を普通は持っている。量を間違えなければ、自然が作った偶然のシステムに合致するかもしれない。

しかし、欧米人に比べて日本人はお酒に弱い。アルコールの分解酵素を持たない人もいる。これも、進化の偶然の可能性が高い。動物学者によると、約一万年前の北京付近で、アルコール分解酵素を持たない最初の人が生まれたと予測できるそうだ。とすると、中国から日本にかけて生活していた、人類の祖先はアルコールをあまり飲んではいけない何か理由があったのかもしれない。

自然は基本的に無駄をしないし、突然変異は環境のストレスから起こる。とすれば、日本人はあまりお酒を飲まないほうが良い地域の、人間なのかもしれない。

今は食べ物の変化などで、日本でも心臓疾患が増えた。しかし、もともと心臓病で死ぬ確率が低かった国である。心臓病に効くからと赤ワインを飲むなんてことは、不必要なのだ。赤ワインが心臓に効くのは、赤ワインが含むポリフェノールの効果である。ポリフェノールならば、緑茶にもたくさん含まれている。緑茶に含まれるカテキンという物質も、ポリフェノールである。だから緑茶を飲めばよい。緑茶のおかげで、日本には心臓病が少なかったという人もいるくらいだ。

自然の起こす偶然がもたらす恵みは、すでに日本人の体に良いもの、緑茶を与えてくれている。ただし、濃い緑茶は粘膜によくない。

人間は、偶然できた自分の体の仕組みをすべて理解していない。一つの場所に良いからといって、残り10以上の場所に悪さをする可能性があるかもしれないのだ。それをわかるのに、何年かかるかわからない。だから、ちょっと体によいものを見つけたからといって、すぐに飛びつくのは危険といえるのである。

18 地雷だらけの世界

奇妙なニュースが目に付いたことがある。新聞の同じ欄に、ニカラグアでワニに噛まれたという記事といっしょに、農民が地雷の被害に遭っているという記事が書かれていた。

変な感じだが、理屈は合っている。原因が一緒なのだ。このとき中南米は大きなハリケーンに見舞われた。被害は甚大だった。ワニも流されて、人里のほうまで入ってきた。

ハリケーンでワニが人里に流されるか、ジャングルの奥地に流されるかは、偶然である。地形やその時の風向きなどが関係する。すべてを考えて、ワニがどちらに流れるかの予測など、正確にはできない。

テレビのニュースなどで、台風や津波被害の解説は、後付けの説明が多い。被害の状態から、その原因を探している。最初からなにが起こるか予測するなど、人間の力ではまだまだ難しい。

ニカラグアのもう一つの被害は、埋めてあった地雷が、大水が出て流れ出し、その地雷を、住民がほうぼうで踏んでしまったことであった。

そんなに地雷は敷設されているのだろうか。

実は、驚くべき数が敷設されている。ニカラグアとホンジュラスの国境付近には15万の地雷が埋めてあるといわれる。

地雷のほとんどは対人地雷といわれる。一番ポピュラーな地雷は、直径125㎜、火薬の量が115g、総重量450gで、手のひらにのる。これが地面の下10㎝ぐらいに敷設され、5kgの重量が加わると爆発する。この地雷は起爆装置とスプリング以外は金属を含まないので金属探知器では非常に見つけにくい。また軽いし、地面に浅く埋まっているので、ハリケーンで流れ出す可能性が充分にある。ちなみに最近はスマート地雷というのがある。賢い地雷という意味である。これは一定期間が過ぎると作動しなくなる地雷だ。

いったい全世界に埋めてある地雷の数はどれぐらいあるのだろうか。

1千万個？

それでは少なすぎる。一億一千九百万個といわれている。

全世界、地雷だらけと言っていいだろう。

では、どのぐらいの確率で人が地雷の被害に遭っているのか。

何人に一人という表現はこのような問題では非常に難しい。たとえば日本では0である。

でも世界を見ると、確実に地雷で吹き飛ばされている人がいる。交通事故にあなたが遭う確率はとても小さいけれど、一億二千万の人に、交通事故が起こる小さな確率をかけると、必ず日本のどこかで、不幸な交通事故が起こっている。

世界中で地雷によって死傷する人は、20分に一人である。当然、地雷の敷設密度が高い地域ほど多くの被害者が出る。その密度が最も高い場所が3個所あった。カンボジア、ボスニア・ヘルツェゴビナ、クロアチアである。

この三地域が、最も高い地雷の敷設密度であった時の、1平方マイル（2・58平方km）中の残存地雷数の平均値を見てみよう。

カンボジア　　142
ボスニア・ヘルツェゴビナ　　152
クロアチア　　92

旅行者の行く場所はかなり整備されているだろうが、通る許可が出ている所から少しはずれると、かなり危険である。

現在、地雷による負傷者は世界に25万人いると推定されている。地雷による被害者の二人に一人が死亡することを考えれば、負傷者の二倍、50万人もの人間が対人地雷で、死傷していることになる。

この数は核兵器・化学兵器による死傷者を上回る。

さらに農業や畜産業の人が被害者になるケースが多い。敵に簡単に農地や牧草地を使わせないように地雷を敷設することが多いからだ。敵に土地を使わせないということが、敵が攻めにくいということ以外の、地雷のもう一つの効果なのだ。

次に挙げる数字は、地雷がなければ見込まれる農業生産の増加量である。驚くべき数字である。

アフガニスタン　88～200％
カンボジア　135％
ボスニア・ヘルツェゴビナ　11％

アフガニスタンでは521の道路が地雷原の中にあり、輸送網が分断されている。自由に国の中を行き来できない。

戦争は森林や重要動物の生息地でも行われる。そこに地雷を敷設すれば、重要な生態系を一瞬にして破壊する。地雷を撒くための装甲車がある。地雷を1000個撒くのに五分とかからない。

人間は、自然を一瞬にして壊してしまう。何十億年の間、繰り返した偶然で、やっとできた環境を、数分で破壊しているのである。

『地雷問題ハンドブック』（長有紀枝著／自由国民社）によれば、年間10万個の地雷が除去されているという。

このペースでいくと、全世界の地雷の除去に単純計算で1190年、予算が330億ドルかかる。しかし、いまだに年間200万～500万個の地雷が新たに敷設されているという。年間処理能力の20倍から50倍もの地雷が新たに埋められているのだ。日本は平和で、あまり他国の窮状に関心をもたない。小ざかしい頭が働いて、そんなことをしてもなにもならない、などと言う。

たしかに、やろうとしたって成功率0%ということが世の中にはある。地雷反対で、全世界を説得しようとした人たちがいる。彼らが成功するのは0%だと、ほとんどの人が思った。なぜなら地雷があれば、外国から攻められにくい。また専守防衛の国、すなわち自分からは絶対に攻めないという平和国家を標榜する国にとって、地雷はもっとも有効な武器の一つとなる。

このように地雷反対に賛成しそうな国ほど、地雷が必要だという皮肉な現実がある。それゆえ地雷反対で全世界を説得しようとした人たちも、説得が成功する可能性は0%だと、何度も思ったにちがいない。しかし彼らがノーベル賞を取った。

1997年度のノーベル平和賞は、「地雷を禁止する国際キャンペーン」International Campaign to Ban Landmines（ICBL）に贈られたのである。

日々の生活に追われ、他国の人のことなどまったく考えられない人たちが、世界にはたくさんいる。そんな彼らがほんのすこし他国のことを考え始め、それが大きな力になった典型的な例である。

このキャンペーンは、もともと確率0に近い成功率にもかかわらず、地雷の増加に待ったをかけた。彼らの努力に、偶然が味方した結果だと思う。こういうことには努力以外の力が必要である。

この地球が、美しくて生活しやすい環境になったのは、全くの偶然である。それをほんの少しのことで、数分間で撒ける地雷で、壊してしまうのが人間だ。人間のこういう姿を地球環境が認めてくれるだろうか。ＩＣＢＬの運動は地球環境が彼らに味方した偶然によって、成功したのだ。

地球環境は必要なものしか作らない。必要なものを壊すものは排除する。だから人間という存在が、地球環境にとって、悪性のウィルスだと判断されれば、地球環境が、人間を少なくするような手段をとるかもしれない。

しかし人間の中にも善玉菌がいた。ＩＣＢＬは、まさに地球環境にとって、地雷を少なくする良い細菌として働いた。ＩＣＢＬの運動が成功したのは、人間から見れば偶然だったかもしれないが、地球環境からみれば、自然の必然だったのかもしれない。

19 人間ドックの異常ナシ

日本人の死因で一番多いのは悪性新生物、すなわちガンである。その中でも胃ガンが最も多い。次は肺ガンとか大腸ガンである。

ガンは早期発見が大切となる。そこで年に一度の人間ドック、ということになる。

一泊二日の人間ドックで、重病をどのぐらい発見できるのだろうか。

医師でジャーナリストの富家孝さんによれば、ほとんどの人間ドックは年一回の会社の集団健康診断とあまり変わらないという。

死亡率第一位の胃ガンについてのデータを見てみよう。

１９９０年の統計で、全国の市町村が実施した胃ガンの集団検診（４０４万８２３３人が受診）で６０１６人の胃ガン患者が見つかっている。０・15％である。１００人検診しても一人も見つかっていない。１０００人でやっと一人か二人が発見される確率である。もちろん１００人の中に胃ガンの人がいなければ発見されることはないのであるが、あまりにも低い確率である。

一方、同じ年の一日コースの人間ドックの受診者は37万8174人で、胃ガンが発見された人は432人、0・11％の確率である。さらに低い確率である。

検診を受けた人数が違うので、一概に人間ドックのほうが、確率が悪いとはいえない。しかし、これだけの人数のデータで考えていれば、比較してもそれほど問題はないだろう。

胃ガンの発見率の数値は、半日の人間ドックになるともっと悪くなり、0・08％に落ちる。

さらに人間ドックで見つかりにくい病気を探すと、大変な数がある。まず大腸ガンと直腸ガン。

これを発見する簡単な方法は直腸指診である。医師が手袋をして肛門の中に指を入れて調べる。これはかなり有効な検査であるにもかかわらず、除外する病院が多い。

何故か？

患者がいやがるからである。こんな簡単な検査で、ガンの発見率を高くできるのに、いやがる。ガンの発生は人間にとってはある意味、自然である。その早期発見の確率を高くする方法があるのに、拒否してしまう。

ここに、自然の摂理に対する人間の浅知恵を見てしまう。

ガンになる可能性が高い遺伝子を持っていても、それが発現するかどうかわからない。発現したとしても、医学はそれを発見する方法を、体の研究から教えてもらっている。触診して変化がないかどうか調べることが有効だと、体から教えてもらっている。

しかし、これだけガンに注意しなければならないと思っていながら、簡単な検査を拒否する。

自分だけはガンにならないと、根拠のない自信を持つのが人間という生き物らしい。地球の中で偶然にできた、すべての動物の中の一つが人間という種である。その人間だけ特別なわけがない。まして自分はガンにならないなどという自信がどこから出てくるのだろうか。

地雷などを平気で敷設して、人間の死亡率を高くするのに、自分の生存率を高くする簡単なことを拒否する。

これは明らかに自然のリズムに反した態度である。

だが、病院はそれを受け入れる。

人間ドックに入る患者は病院にとっていいお客である。いいお客に逃げられるようなことをしては、客商売は成り立たないからだ。

病院の客商売は、普通のレストランのようにはいかない。宣伝活動とか、流行に乗るようなこと、たとえば、すぐにエイズ科を設けるようなことはできない。

また病院の利益率は3.5%ぐらいで、まじめな医師、ちゃんとした病院ほど儲からない。だから肛門の指診ぐらいで逃げられたら大変なことになるのだ。

だから、人間ドックに来るいいお客さんが逃げてしまうような検査は、じゃあ止めよう、ということになる。

こんな時、われわれはどうすればよいか。

簡単なことだ。肛門の指診をやって下さい、と頼めばよいだけのことだ。

膵臓や胆嚢のガンも発見しにくい。膵臓はエコーに映りにくいし、肝機能検査でもわからない。腎臓も映りにくい。食道、胃、十二指腸などの消化器官の検査が充実しているといっても、前に述べた発見率の数値である。

消化器官も、やはり内視鏡のような直接に見る方法でなければ、完全とはいえない。ガンは人間ドックでは発見しにくいのだ。じゃあどうすれば良いのか。

前にも述べたように、自分たちがよく勉強して、何を調べてもらいたいのかを明確にして、オプションを頼む。さらに現在はガンを効率よく発見できる血液検査もある。人間ドックは完全ではない。人間の知識をもとにすることであるから、不完全である。

その不完全さを責めてもはじまらない。それより、偶然の力で進化した人間の体の仕組みの複雑さ、機能の不思議さを尊敬し、体を大切にするほうが先だろう。短い医学の歴史を見れば、われわれ人間の知識がいかに不完全かわかる。しかし自然の一部である人間の体から謙虚に学ぼうとすれば、なぜ複雑な仕組みになるように突然変異を繰り返したのか、わかるかもしれない。

そうなれば、早期発見の先にある、病気との共存という大きな課題を解決する方法を、偶然を使う達人である自然が、教えてくれる可能性があるのではないだろうか。

20 人を殺す噂の力

だいぶ古い話になるが、噂から、それも嘘の話から、世間が、あたかもその人物がいるかのように思いはじめるということがあった。有名な二人の人物、「くちさけ女」

と「なんちゃっておじさん」である。両者とも嘘から出た噂だ。

「くちさけ女」の場合、その特徴は、整形手術の失敗、精神病院から脱走したという話まで、できていた。逃げても百メートル十一秒ぐらいで追いかけてくる。三姉妹の長女という具体的な家族構成もわかっている。噂の元は単純でも、伝わるうちに尾ひれがつく。

こういった同じ噂を、複数の人間が聞くのは不思議ではない。噂の速度の実験では、時速75㎞ほどあると聞いたことがある。この速度なら、福島の噂が東京に来るのに、半日もかからない。

噂が怖いのは、元は正しくても、伝わっているうちに、違う事実に変わってしまうことだろう。特に災害の時など、正しい情報を送っても、それを個人的に伝える人たちによって、間違えて伝えられる可能性がある。

この状態を、最も簡単にしたモデルで考えてみよう。

噂ではなく、大切なことでも同じである。間違いを聞くか、正しく聞くかを計算すると、次のようになる。

人間は悪意がなくても間違える。その間違いを伝えてしまう確率をaとしよう。a

は、とても小さなゼロより大きな数としよう。みな善意で正しく伝えようとしている。

しかし、人間は必ず間違う。

最初の人は正しいことを知っていると、考えよう。n番目の人が本当のことを聞く確率は

$Pn=\frac{1}{2}+\frac{1}{2}(1-2\alpha)^n$

ここで、$0<\alpha<1$（間違いを伝えてしまう確率）より$-1<1-2\alpha<1$となっている。

絶対値が1より小さいと、何度も掛けると

$(1-2\alpha)^n \to 0 \quad (n \to \infty)$

となってしまう。たとえば1／2を何度も掛けるとどんどん小さくなるのがわかる。0に近づいて行ってしまう。

すると、先ほどのn番目の人が正しく聞く確率Pnは、

$Pn=\frac{1}{2}+\frac{1}{2}(1-2\alpha)^n$

この式の＋の後ろの項が0へ行く。だから、途中に入る人が多くなればなるほど、Pnは、½に近づく。

つまり五分五分で、信じていいかどうかわからないということになる。αがどんな

に小さくても、すなわち嘘をつく確率がどんなに小さくても、間に人がたくさん入れば、正しく聞くことができるかどうかわからなくなる。

こうして見てくると、自分で確認するということが、いかに大切かがわかるだろう。第1章で遺伝子が間違って伝わらないように、DNAからRNAに情報伝達するときに保険をかけている、と書いた。

生物の遺伝子情報を伝達するときに間違いがあるなんて、まさかと思うかもしれないが、それが現実なのだ。遺伝子転写には、間違いが起こる可能性がある。宇宙からの電磁波や放射線など、いろいろ遺伝子情報転写の邪魔が入るからだ。

それらの邪魔を遺伝子が知っていて、転写に保険をかけているとは考えにくい。人間なら、おばあちゃんの知恵で工夫したということになるだろう。

だが自然の場合は、そのレベルの時間の遡り方では済まない。とてつもなく長い間に偶然の突然変異を繰り返し、人間にまでたどり着いたのだ。

遺伝子の転写に保険がかかっているということは、人間の噂の伝わりほど、間違いが起きないことになる。なぜなら、自然環境が変化していないのに転写のミスで突然変異が起こり環境に合わない個体ができてしまったら、種が絶滅してしまうからだ。

自然の変化が起こっても、すぐには対応せず、緩やかに自然環境に対応するような偶然を作り出しているのが、突然変異なのである。

自然界の偶然は、それぞれの種が適切に自然環境に対応できるように、緩やかに起こる。人間が自然環境を大切にすれば、きっと偶然は人間を裏切らない。

自然は、人間が環境に適応できるように、緩やかに偶然を起こしてきてくれたのだから。

人を
不幸にする
システム

第3章

21 金融工学は未来を予測できるか

アメリカという国は、大統領が変わると、予算に対する考え方がガラッと変わる。そして大きな科学研究のプロジェクトに対する考え方も変わってしまう。それによって、作る途中の研究所建設が中止になったりする。

科学者にとっては「偶然の不幸」といえないこともない。研究所の創立メンバーが職を失いかねないからだ。しかし、アメリカではよくあることなので、各自それなりの覚悟をしている。

１９８０年代、アメリカはレーガン大統領のもと小さな政府をめざした。そのため大プロジェクトで動いてきたＮＡＳＡの予算も削られた。当然技術者、数学者、物理学者が大量に解雇された。

アメリカ人の科学者は、こんなことを偶然の不幸とは考えない。次の職を見つける活動にはいる。

中止になった計画で典型的なものは、すでにテキサス州にトンネルを掘り始めていた、ＳＳＣと呼ばれていた周囲約87㎞という世界最大の加速器建設である。加速器というのは、電子などを加速して、陽子、中性子などと衝突させ、素粒子を見つける実験をするものだ。宇宙の最初の姿を解明するには、こういう微細な素粒子が関係していると言われる。建設費一兆三千億円の加速器ができるはずであった。

このSSCの中止で、この研究所を首になった科学者は2000人といわれている。それも一流どころの科学者ばかりであった。

しかし、このような社会的な偶然の出来事が、新しい学問分野を発展させることもある。

NASAを解雇された数学系、物理系の科学者は、ウォールストリート（金融街）に現われた。

彼らは金融市場に数学、物理学を応用し、「金融工学」という分野を発展させる。そしてウォールストリートで働く金融工学の研究者はクォンツと呼ばれた。

金融工学が使う理論の基礎は、日本人の伊藤清が開発した確率微分方程式という理論を使う。それで伊藤清はウォールストリートで、一番有名な日本人と呼ばれたほどだ。伊藤の理論を、世界中の数学者が発展させた。

デリバティブと呼ばれる金融商品があるが、本来は為替リスクを最小限にするために作ったものだ（現在はもっと広い意味に使ってはいるが）。為替リスクというのは、貿易をするときに、円高や円安、ドル高やドル安で利益の幅が変わるリスクのこと。損失を被るほうを考えて、為替リスクと呼ぶ。この損失が大きくならないようにする保険のようなものが、デリバティブなのだ。

このデリバティブを運用するさい、この時はこうすれば良い、というような決まった方法がわからなかった。伊藤清やそれに続く人たちの理論を使って、デリバティブの運用に理論的な根拠を与えたのが、ブラック、ショールズ、マートンの理論だった。しかしそれはあくまでも理論的な根拠であり、現実ではなかった。

1997年、ウォールストリートで働く金融工学の研究者が聖書のように使っていたブラック、ショールズ、マートンの理論がノーベル経済学賞を受賞した。この三人がノーベル経済学賞を取った時、金融工学の専門家は、自分たちの理論の正しさを確信したことだろう。また専門外の人も三人の理論が正しいと思ったに違いない。

ここで、人間は二つの間違いを犯した。

一つは、デリバティブを投資に使ったこと。もともとデリバティブは為替リスクに対する保険の役割をするもので、投資に使うものではない。

もう一つは、ブラック、ショールズ、マートンらの受賞理由に対する誤解である。このノーベル賞は、デリバティブの運用という理論のないところに理論を作ったことによっての授与である。彼らの理論が、投資理論として利潤を保証するからノーベル賞が授与されたわけではない。ところが投資会社は利潤を保証するものと思った。つまり人間はデリバティブを投資に使い、そのシステムの根拠をブラック、ショールズ、マートンの金融工学の理論に求めた。

デリバティブの数学的モデルを使って未来を予測することにより、少しでもリスクを少なくしようとすることは意味がある。

ところが、どこかで数学的モデルで大きな儲けを出そうという発想に変わってしまった。

儲けを大きくしようとすれば、当然大きな危険が伴う。ブラック、ショールズ、マートンの理論は、大きな儲けを得るために使えるものではない。私がたまたま読んだことのあるブラックとショールズの論文は、損を出すことが許されない年金のような資金の運用についてのものであった。年金の元金を、国債のような手堅いものと、株のようにある程度のリスクがあるものに、どのぐらいの比率で資金を分けて投資すればよいかというのが、その内容であったと記憶している。

年金の場合はなるべく損をしないようにと、手堅くリスクの計算をしてゆかなければならない。できるだけ損をしないようにするということに、ブラック、ショールズ、マートンの理論はかなり成功している。

いっぽう儲けようとすれば、リスク計算は甘くなる傾向にあり、こうなったら儲けられるという、「たられば」の世界に近づく。

このまま世界の経済が順調に伸びれば、我が国はGDPの大幅な成長を見込める。中東で戦争が起きなければ、原油の値段は安定するなど、希望的な観測をするようになる。

だが人間の能力は、そのような起こりうるすべての可能性を予測などできない。偶然の出来事を数学的モデルに織り込める能力はない。たとえば突然ロシアがおかしくなったり、台風で農産物が大打撃を受けたりする。そんな現象を織り込めない。

ブラック、ショールズ、マートンの金融工学の理論を使った投資システムを売りにした会社が設立された時、経営者は記者会見で、こう言った。

「すべての社会現象と気象状況まで織り込み、投資システムを作ってゆく」

そして人間が作った金融工学の数学的モデルに従って、多額の資金を運用した。

だが予測は失敗し、会社は破綻、その結果アジアの国の通貨が暴落した。また投資会社全体が被った、金融工学のモデルを使った投資による損失は、全損失の40％に上るといわれる。

ブラック・ショールズ・マートンの理論を使った投資システムに失敗、アジアの通貨危機を招くと、経営者はこう言った。

「これほどロシアの経済が悪くなるとは考えなかった」

設立時の言葉を忘れたらしい。

人間の作った数学的モデルは、すべての社会現象や気象状況などに対応できない。また大きな儲けを出せるほど正確でないし、優れてもいない。

デリバティブが投資（投機）に使われて失敗すると、デリバティブという金融商品は人を不幸にする、などと報道された。これはしかし間違いである。デリバティブは本来、為替取引の危険性を外すためにあったもので、投資に使うものではない。それを、投資に使って欲望を満たそうとした人間が悪いのだ。

未熟な知識を使って大きな儲けを出そうとすれば、人間は人間の作ったシステムによって不幸を呼び込むことになるのである。

22 個人破産と企業倒産

あるテレビ番組に、夜逃げ屋と闇の高利貸が出演したことがあった。このとき高利貸の言った貸し付け利息がなんと、「といち（十日で一割）」を遥かに超えた十日で3割だった。十日で3割の利息だと、一ヶ月30日として一月で2倍になる。この利息で100万円を借りたとして、一年ほったらかしておく。

すると、どうなるか。

一年を360日で計算する。基本的には銀行の複利と同じで、10日ごとに複利計算をすればよい。すなわち10日ごとに3割の利子がつく。10日ごとに1.3倍になる。これは高校で習う等比数列で計算すればよい。

360/10＝36

であるから、一年で36回の複利計算をすることになる。ということは、1.3を36回かけていけばよいから、

100×（1.3の36乗）＝1264622００（万）

すなわち1兆2646億2200万円の借金になる。一年ほっておかないにしても、6ヶ月ほっておけば、1.3倍が36の半分18回だけ起こるから、

100×（1.3の18乗）＝11250（万）

1億1250万円の借金となる。

もちろん、これは極端な例である。違法な金利であるから、実際にはこのような高利は許されない。法定金利は上限が約30％以下に設定されている。

しかし法定金利の範囲内であったとしても、年に約30％の金利でお金を借りた場合、20年間ほっておいたらどうなるか。先ほどの二番目の計算の18回が20回に変わるだけだから、ほぼ同じ金額になってしまう。

100万円が1億円に膨らむことになる。これにはまったら、人生のどんな小さな成功も覚束ないことだろう。

まともな金融機関から借りれば、貸したほうも貸し金の回収をしなければならないから、返せるような手段を考える。だから借金が一億円になるようなことはない。

個人破産もあるが、借入金をして商売に失敗した会社が倒産する場合もある。どち

らの場合も、先ほどの計算結果が起こらないように、貸したほうも借りたほうも努力する。

商売の立ち上げに失敗はつきものだが、必ず成功すると思って借りるだろうし、成功するように努力もするだろう。

ところが前の節で書いたように、人間はすべての起こりうる可能性を予測することなどできない。突然どこかで戦争が起きてオイルショックが起こることもある。別の国で起きた地震で、原材料費が高騰することもある。実際に台湾で起きた地震によってコンピュータのメモリーが、一週間ほどで4倍に値上がりしたこともある。

このような戦争や地震などのリスクを、人間は完璧に予測できない。自分が売ろうとしていた商品が、原材料の値上がりで予定していた値段で売れない場合も起こりうる。頑張っても、偶然に負けてしまう。

事実、最近の倒産で最も多い原因の一つが、「原材料の値上がり」なのである。起業する時に、いくらいろいろ考えても偶然の想定外は起こりうる。

倒産原因は原材料高のほか、コンプライアンス（倫理法令遵守）・リスク、それに粉飾決算がある。

コンプライアンスは社会倫理に反した行為をしない、法律に従っている、ということである。

では、そのリスクというのは何か。大きく分けて二つある。一つは悪いことをしているのではないかという、風評被害である。これは悪意の第三者の宣伝に引っかかることもある。もう一つは、法律を守っていればいいだろうと、法律違反にならないぎりぎりの商売をすること。だから失敗すると金融機関は援助をしない。

粉飾決算は、会社の業績が良かったように見せかけることだ。業績が良ければ、融資するところが増える。しかし実際は業績が悪いので、すぐに露見して倒産する。

会社というのは社員の努力で成立している。それでも不利な偶然に負けることがある。まして法律ぎりぎりの行為や、儲けているような偽装すなわち粉飾をすれば、必ずしわ寄せがどこかに出てくるので、不利な偶然が起きなくても、自分のやっていることが原因で潰れてしまう。

ところで不利な偶然があるということは、有利な偶然もあるということだ。悪いうわさが流れるならば、良いうわさが流れることもある。

そういう有利な偶然が起こっても、実質的な力のない会社はそれを充分に生かすことができない。今までの無理な経営で損失が出ているからだ。有利な偶然を生かせるのは、真面目に努力していた会社なのである。

起業などの冒険をすれば、倒産する確率を0にはできない。すなわち成功する確率を100%にはできない。実際、2009年の企業の倒産件数は一万三千件ほどに上っている。

だが企業の倒産には、会社更生法や民事更生法があり、会社をなくさない方法がある。だから嘘をつかない経営をしていれば、有利な偶然の起こるチャンスがまた来て、生き返ることもできるのである。

23 ギャンブルの損得

確率は可能性を数値化したものである。その確率がどんなに小さくても、起こる可能性はある。空気の分子が、突然ある方向に一緒に動き、本書の下に入って本が浮いてしまう可能性も、計算上は存在する。

競馬などで、百円で何千万もの配当金が付くことがあるのを、新聞などで読まれた方もいらっしゃるだろう。しかし、こんなことを期待して賭け事をしていたら、お金がいくらあっても足りない。本当に0に近い確率でしか起こらないことを期待してはいけない。

ギャンブルをする時に、一つの判断材料に使えるのが、確率論で言う期待値という考え方である。

サイコロを振ることで、期待値を考えてみよう。サイコロの目と、その目が出る確率を表にすると、

サイコロの目	1	2	3	4	5	6
確率	1/6	1/6	1/6	1/6	1/6	1/6

となる。サイコロの目のように、確率が対応して変化する数を、確率変数と呼ぶ。確率変数とその確率を対応させたものを、確率分布と呼んでいる。先ほどの表が、サイコロの確率分布ということになる。この確率分布から期待値という数が計算できる。

サイコロの場合の期待値を計算してみよう。それほど難しいことではなく、確率変数とその起こりうる確率をかけて、足し合わせるだけである。

１×１／６＋２×１／６＋３×１／６＋４×１／６＋５×１／６＋６×１／６＝3.5

これが、サイコロの目の期待値である。

これをゲームにすると、期待値という言葉の意味がよくわかる。サイコロを振って、出た目の１００倍のお金をもらえるゲームがあるとする。このゲームでもらえるお金の期待値は、

１００×（１／６）＋２００×（１／６）＋３００×（１／６）＋４００×（１／６）＋５００×（１／６）＋６００×（１／６）＝３５０円

である。

もしこのゲームに４００円を賭けるならば、期待値より多くを払うから損になる可能性が高い。２００円を賭けるなら得になる可能性が高い。

つまり賭け金と期待値で、賭け事に勝てるかどうかを考える参考になる。

しかし得か損かの結論が生きてくるのは、このゲームを何回も続けて行う時である。一回の賭けをする時、今の結論が生きるかどうかはわからない。４００円賭けて５００円または６００円もらえる確率は、サイコロの目が5または6の時である。この確率は１／３あるから、儲けられる可能性は１／３あることになる。個人の判断で、この

賭けをやる人もあるだろう。

それでは、日本のギャンブル、賭け事を見てみよう。日本はカジノが法律で禁止されているので、賭け事はすべて公営、すなわち胴元が国か公共機関である。その収益は税金のように社会福祉や公共事業に還元される。公営ギャンブルの場合の胴元は、監督官庁ということになる。国土交通省、農林水産省、経済産業省が主な監督官庁である。それぞれ、競輪や競馬や宝くじのような賭け事を監督している。

宝くじと競馬や競輪を比べるのは若干の無理がある。宝くじの場合は、当たるかどうかが基本的に確率だけに依存している。競馬や競輪は馬や騎手、選手の能力に依存している。競馬が八頭で走ったからといって、それぞれの馬が勝つ確率が、同じ1／8とは限らない。

しかし比較する方法はある。それが先ほどの期待値。この期待値を公営ギャンブルの場合、還元率という言葉を使うことが多い。これを比較することはできる。年によって変わることはあるが、だいたい次のような分配の割合になっている。

中央競馬の場合は、馬券の売り上げの75％が還元率で、残りの25％のうち、国庫に10％、中央競馬会に15％入る。どんな催しの場合も必要経費があるので、それを引いた金額が中央競馬会の収益になる。これは、競輪、競艇なども基本的には同じ比率である。

宝くじの場合は、還元率は約46％で、54％が宝くじを管理する団体と、地方自治体に入る。この分配率は法律で細かく決まっている。

これだけみると、宝くじのほうが還元率がかなり低いので、儲けにくいと思うかもしれない。しかし、それは間違いである。確率が高くても、低くても、あなた個人が当たるかどうかということは別である。必ず儲かるのは、ギャンブルを管理する団体のほうである。最初から、売り上げの何％かを差し引いて、管理団体に入れてしまうのであるから、管理団体は損をしない。してはならないのだ。公営ギャンブルは、その収益を税金と同じように使っているからだ。

宝くじに当たるためには、長く買い続けることだと言う人がいる。

確率論から言えば、長く買い続ければ買った金額×還元率に近づく。当たる人がいるのは確かだが、それがあなたかどうかは、わからないのである。

宝くじも競馬や競輪も、余裕のあるお金で楽しみに買う。そこにとどめておくなら良いが、決して儲けようなどと思ってはいけない。ほとんど0の確率で起こる宝くじの特賞など、当てにしてはいけない。

公営ギャンブルも、人気が無くなり買う人が少なくなれば、運営費用を差し引くと赤字になってしまう。それで買ってくれるよう宣伝する。賭け事を勧めるというのも不思議な話である。人によっては、賭け事で国が儲けて税金の足りない分を補うのは恥ずかしいことだという人もいるようだが、私はそれほど恥じる必要はないと考える。いずれにしてもギャンブルで破産などがないように、個人の自覚が必要なのである。

24 詐欺師（悪党）の手口

人の弱みに付け込んで詐欺を働く不届きものがいる。

詐欺の基本は、起こりそうもない偶然をあたかも現実にあるように思わせる技術である。

お年寄り相手のオレオレ詐欺の場合、息子や孫であると偽って相手が疑うハードルを崩そうとする。だから本当か嘘かはすぐにばれるので、詐欺罪が成立する。

しかし有名人の親戚とか、皇室の一員または縁戚だとか言われると、本当か嘘かを考えることが難しくなるらしい。

イベントの企画などをするとき、皇室関係者や有名人など特別な人が名前を連ねていると、イベントの格が上がるという。それほど世間では、特別な人とのつながりは力を持っている。だから、ひょっとしたら本当ではないかと思ってしまい、詐欺に引っ掛かるようだ。

皇室の一員、または縁戚だということが、本来どのくらいの確率で起こるのかを計算してみよう。

最初に受験問題でよく出てくる確率の計算をする。

壷に赤い球が2個、白い球が3個入っている。この壷から、球を取り出して、色を調べてから、元に戻す。これを3回繰り返す。球の色を調べてから、元に戻して、次の球を引くやり方を復元抽出という。白い球を3回続けて取り出す確率を考えよう。白い球を取り出す確率は3／5、白い球が3回出る確率は、これが3回起こるから3／5の3乗で27／125となる。

それでは、白い球が3回出ない場合の確率は、3回続けて起こる場合が起こらなければよいのだ。

確率全体は1である。白が3回続けて出ない場合は、白が3回出る場合を引いて、

1－（27／125）＝98／125

となる。

それでは、家系が切れている有栖川家の親戚だといって、お金をだまし取っていた詐欺師の場合を考えてみよう。本当に宮家の直系ではなくても、血縁は10人くらいはいるかもしれない。

三国志で有名な劉備は中山靖王の子孫と言っていたようだが、中山靖王は70人以上の子供がいたはずで、何代も後ならものすごい数の子孫ができる。劉備が嘘をついていることはないかもしれない。

もし有栖川家の凄く薄くてもいいから、血筋が10人いたとする。ある人が有栖川家の親族姻族になる可能性を考える。家族の誰かが自分が結婚して姻族に入ったり、家族か自分が養子で親族に入ったりする可能性を考えるとしよう。ある人の父母の兄弟姉妹の系列が全部で10人、自分の兄弟姉妹が3人とすると、全部で、13人が宮家の血筋と結婚したり、養子になったりする可能性が出る。

そこで、壷から赤球を最低1個とりだす確率と同じように考える。宮家の血筋と結婚する可能性を持つ親族と姻族が全員、宮家の血筋と結婚しない確率を出して、1から引けば良い。
確率を考えるときの分母は、日本の人口全体では大きすぎる。宮家だから分母は東京近郊と、京都の人口を考えて2000万人ぐらいにしておこう。宮家の血筋10人を全体から引いて、
20000000－10＝19999990
これが宮家の血筋ではない人数である。この人たちと結婚する確率が、宮家の血筋と関係ない人と結婚する確率となるから、
19999990／20000000
それが、親族姻族13人に起こるから、13乗する。その確率は、
0・99999935
となる。これが、宮家の血筋とつながらない確率である。よって宮家の血筋とつながる確率は、1から引いて、
1－0・99999935＝0・00000065
となって、かなりの低い確率だ。
こんな人が家柄の普通である自分の前に現れた！　まさに偶然が起こった、と考え

てしまうと、人生を失敗することになる。

人間、誰しも失敗した時には弱気になる。そういう時に付け込む宗教まがいの詐欺も多い。

たとえば、あなたの先祖には、他人にたいへんな迷惑をかけて恨まれている人がいる。迷惑をかけられた人たちを供養してあげないと、あなたの家は幸せになれない——。そんなことを言って、除霊するからと大きなお金を要求したりする。

そんな時には、ちょっと次の計算を見てほしい。

自分の先祖を考えると、親の世代で2人、祖父母で4人、これで6人。これを繰り返して足して行けば、

2+4+8+16+32+64+128+256+512+1024=2046

となって10代前で、二千人を超えるあなたの先祖がいる。その中に一人や二人くらい悪い人がいてもおかしくない。その悪い先祖が恨まれて、その恨みがあなたにきている。なんて言われても、無視しなさい。あなたの先祖なんて、たくさんいる。戦争で何人も人を殺さなくてはならなかった人だっている。そんなことを気にしていたら、

生きてはゆけない。本当の宗教はお金がかからない。高いものを買わされそうになったら必ず断ればいい。

詐欺師は、偶然あなたに出会ったように見せるが、だます人を探していたのである。

詐欺の歴史は、人間の歴史と同じくらい古い。ルネッサンス時代の数学者で、優れた医者で賭博師でもあったカルダーノという人がいる。彼は賭けの方法についての本を書き、かなり高いレベルの確率論を展開しただけではなく、だましの手口を詳細に書いている。500年ほど前の本にすでにだましの手口がまとめられている。だます方法もカルダーノの時代から、かなり進歩しているはずだ。

だましの手口というのは、偶然でもそんなことがあるかと思えることを信じさせる方法と言える。

株式市場でも、だましの手口が使われる。虚偽の噂（風評）や仕手筋の動きで、株価が左右されることがある。

ここに、前述した金融工学の理論を使った投資システムの失敗の大きな原因がある。金融工学は基本的に性善説に立っていて、儲かる道があれば、人はそれに素直に従うものと思っている。

しかし投資家（投機家）は違う。自分だけ儲かろうとすれば、人と同じことをやっていては儲からない。だから風評を流し、かなりのお金を使って、あの株の動きが良いと世間が思うような変化を作り出す。

こういう巧みな投資家の行動に対し、金融工学は役に立たない。それゆえ金融工学の投資システムは一人の有力な投資家に負けてしまう。

有力な投資家は、世間が動き出して自分の持っている株が上がったところで、欲をかかずに売り抜ける。

あとに残るのは、虚偽の情報に動かされて欲をかいた人たちだけだ。彼らは下がる株価に右往左往し、損を最小限に抑える努力をするしかなくなる。

詐欺は偶然ではない。偶然に起こったような振りをして人をだます。だまされるほうにも、ほんのちょっと欲をかこうと思う隙があるから、ありもしない偶然の儲け話に乗ってしまう。

都合のよい偶然は起きないものだと、いつも思っていなければ、良い人生は送れないのである。

25 保険会社の「からくり」

生きているといろいろな危険に見舞われることがある。転んでけがをするようなことから交通事故、病気、船や飛行機の事故まで、生活は危険と隣り合わせだ。

会社の経営も同じで、輸送の途中、事故で商品が売れなくなることもある。農業などの場合、天災で生産物に大きな損害が出る。

災害でなくても、ゴルフでホールインワンをしてしまった時には、パーティ費用が突然かかってしまう。クレジットカードを不正に使われてしまうこともある。

人は、そのような時の損を少しでも少なくするために保険をかける。

保険会社はその掛け金を集めて、事故にあったり亡くなったりした人の遺族に保険金を支払う。

しかし、保険会社は慈善事業をしているわけではない。利潤を出さなければ会社は存続できない。

災害や事故というのは、偶然なものもあるし、必然的に起きることであっても予測できないものもあり、明らかに人災のものもある。

そこで保険会社は自然災害や人為的な事故に対して数値的に確率で評価し、掛け金を設定することになる。

この時に使う確率の法則が、「大数の法則」という考え方である。何かの出来事に対し、過去のその出来事の発生件数を調べて、発生の確率を計算する。その確率を、その出来事が未来に起こる確率とする。たとえばホールインワンは、今までのデータから2万回打つごとに1回ほど発生することがわかる。そこで2万分の1の確率を、ホールインワン保険に適用する。

損害保険も生命保険も、基本的には「大数の法則」という発想で掛け金を決めている。

損害保険は事故の発生率で、また生命保険は死亡率で「大数の法則」を使う。たとえば飛行機事故は、毎日乗って、365年くらいに1回事故に遭うかどうかという確率になる。

基本的な生命保険の計算をしてみよう。ただし貯金の代わりとか保険会社の利潤とか、いろんなことは全部脇において、本当の骨組だけを考える。死亡率は年齢によって変化するが、今は契約者に対し一定の確率としておく。

・契約対象件数＝10万件
・1年間の死亡件数＝1000件
・保証額＝400万円
――とする。契約者の死亡率＝1000件／10万件＝0・01となり、1％の死亡率が未来も続くと仮定する。この発想が「大数の法則」である。すると保険会社が1年間に必要とする掛け金の総額は、
400万×1000人＝40億円となる。
契約対象件数は10万件なので、保険会社は契約者一人につき、1年間の掛け金を最少でも、
4万円（＝400万×0・01）
としなければならない。年齢を上げれば当然、死亡率が高くなるので、この金額も高くなる。
また、払い込まれた掛け金の計算や、積み立て型の保険の場合には毎月の払い込みの確認や、払い込まれていない場合の連絡などもしなければならない。さらに被保険者が死亡したり、けがをしたりした場合、保険金を受け取る権利があるかどうかを調

査しなければならない。

このような必要経費の上に利益を上乗せして、保険会社は契約者一人の掛け金を設定している。

「一人は万人のために、万人は一人のために」と言うのが保険の発想だが、そこは資本主義社会、儲からなければ、会社は社員を抱えておけない。だから慈善事業にはならない。

ガンになった場合、治療にどのくらいのお金が掛かるか。その金額から考えて、いくらぐらいの保険金が下りる契約を結ぶ必要があるか――。

これを、過去のガンにかかった人の数字を挙げて、あなたを説得しようとするのも、基本的には「大数の法則」に従っている。

こういうことをすべて、会社の利益のためだけにしているわけではない。しかし保険に入ってくれる人が少なくては、いざという時に保険金を払えなくなる。それどころか会社を維持できない。だから毎日、波状攻撃のように勧誘のコマーシャルを流し、また代理店を使ってテレフォン勧誘をひっきりなしに行なう、ことになる。

保険の勧誘は、相談に乗るという形、またはカウンセリングという形をとった宣伝なのである。

生命保険の場合、死亡率は年齢に関してある程度の予測がつくので、「大数の法則」が有効に生きてくる。しかし、若い人でも保険をかけてすぐに亡くなる人がいる。そのため、保険をかけて3年以内に解約すると、たいてい損をするようになっている。これは、保険をかけて、すぐに亡くなる人に払わなければならない保険金を考えてのことだ。

今は高齢化社会である。若い人しか入れない保険では、保険に入れる人は少なくなる。高齢者もお客さんになる保険を考えなければならない。そこで最近は50歳以上の人でも、それほど掛け金が高くない保険や、70、80代の人でも入れる保険ができた。

そういう保険、入ってすぐに亡くなる確率が高い人たち向けの保険を作るにはどうすればよいか。

保険金を支払う確率を下げなければならない。

だから保険に入る時には、契約書の、必ず細かい字で書いてあるところまで読み通す必要がある。どのような場合に保険金が支払われ、どのような場合には保険金が支払われないのか、書いてある。たとえば保険に入って3年以内に亡くなった場合は、払い込んだ金額だけが返還されるとか、書いてある。これは、3年以内に亡くなった場合は、保険金は支払われないということを意味している。また保険を満期まで払ったあと、何年以上生きたら、やはり保険金は支払われず、払い込んだ金額だけ戻るとか、書いてある。

こうして保険金を支払う可能性を少なくしているのである。保険会社は、損をしないように考えている。また、こうしないと掛け金が高くなり、だれも保険に入れなくなってしまう。

保険というのは、偶然を数値管理しなければならない。だから確率論を使う。それの、もっとも基本の考え方が「大数の法則」なのである。

高齢者向けの保険なら「大数の法則」を使えるが、「大数の法則」が利《き》かない保険もある。天災に関する保険、とくに地震保険である。

地震の場合、500年に一度繰り返す大地震とか、短いところでは100年に一度、長いと1000年に一度の大地震などがある。この長さになると、「大数の法則」は利かない。

また、どのくらいの被害があるかを、正確に計算する方法などない。新聞などに書かれる地震の被害総額というのは、一つの評価基準を人為的に作り、それを基に計算している。家が一戸壊れたら、損害額をいくらとし、それを全戸数にかけるといった計算をする。

一つの見方でしかない被害総額で、細かい保険を作ることなどできない。家はどのくらい壊れたら、全壊なのか。半壊とはどの程度をいうのか。全壊なら、あるいは半壊なら、いくら払うといった細かい保険を作るのはなかなか難しい。

地震保険は、全壊の場合に５００万円くらいの保険金が普通のようだ。半壊の場合は払われない場合もある。

天災に関する保険には、保険金がべらぼうに高くならないよう、かなり特殊な条件が付いている。たとえば、すべてではないだろうが、地震警戒宣言が出たような時は、保険が締結できない、などである。

地球が起こす偶然を、保険ですべて解決することは不可能なのだ。

天災は忘れたころにやってくる。１００年に一度の周期であっても、80年目に来る地震もある。科学の計算力は、地球の偶然を解析する力をまだ持たない。だから災害時に支払われる保険金はそれほど高くない。

保険会社は、「大数の法則」が有効な場合も、有効でない場合も、損をしないようになっているのである。

26 銀行と消費者金融のシステム

夜中にはっと気づくと財布にお金が入っていない――、などということがざらにある。

そこで24時間営業のキャッシュディスペンサーや、コンビニエンスストアなどのATMに行くことになる。その時にかかる手数料は銀行にもよるが、たいていは105円で、うち100円が手数料で、5円が消費税である。

これがどのくらいのお金か、おわかりになるだろうか。

現在、銀行の普通預金の利息は、年0・02％くらいである。10万円を普通預金に置いておくと一年で、

10万円×0・0002（0・02％）＝20円

の利息が付く。すなわちATMで自分のお金を一回引き出すごとに、銀行の普通預金10万円の5年分の利息を使っていることになる。

定期預金だと一年もので大体0・25％の利息であるから、10万円で250円の利息が付く。これだと五ヶ月分くらいの利息を使ったことになる。

スーパーの安売りには鋭敏に反応しても、銀行利息などにはあまり反応しない人が多いようだ。銀行の利息を考えれば、手数料を払うくらいなら、箪笥預金をしておいたほうがいいことになる。

しかし、サラリーマンは家を建てたりする時にも銀行からお金を借りるし、水道・電気・ガスなどのライフラインにかかるお金も銀行引き落としにするので、どうしてもお金を銀行に置いておくようになる。

そのお金を、銀行は株式投資や不動産投資、それに融資など、あらゆる投・融資などで運用して、利潤を生み出している。そして利益の一部を預金者に分配する。

たとえば100万円を、一年ものの定期預金にしたとする。

銀行は、その100万円を株式投資などで運用する。株式相場では、一年のあいだに株価の一～二割の上下はよくある。機関投資家である銀行は一年で、100万円を110万円にしたとする。利益は10万円。一年定期の利息が先の0・25％なら、利益10万円のうち2500円が預金者に還元され、残りの9万7千500円が銀行に入るというシステムだ。運用利益が5万円でも、銀行は儲かる。極端な話、もろもろの必要経費を考えなければ利益が2500円以上なら、銀行は損をしないといえる。

では、100万円を銀行の定期に預けず、自分で株式に投資したとする。200円のA銘柄の株を5000株（1000株単位株）購入で、100万円になる（売買手数料除く）。しかし200円で買ったものを200円で売ってもマイナスになる。売買手数料などをとられるからだ。

大雑把にいうと、200円の4％すなわち208円で売ってプラスマイナスゼロとなるくらいだろう。だから220円になった時に5000株を売れば、一株について12円の利益になり、1000株で1万2千円の利益となり、5000株で6万円の利益となる。

もちろん株価が200円以下に下がるリスクもある。だが、このA銘柄が年に2円の配当をしていれば、1000株につき2000円で、5000株で1万円になる。ここから税金が一割引かれて9千円の収入となる。配当が1円でも、手元に4千500円が入ってくる。

つまり株価が下がったので売らずにおいても、配当金だけでも、銀行の定期預金の利息よりいいことになる。

お金というのは自分の労力で稼ぐのが基本である。

だが世の中には自分が働くだけでなく、得たお金に働かせて稼いでいる人も多いのである。

だからといって株式投資や不動産投資などをすすめているわけではない。世の中はこういう仕組みで動いているということを知っておいてほしいからである。

いずれにしても銀行というシステムは、損をしないようにできている。

では、消費者金融はどうか。

ここは利息の高いことで知られているように、やはり損をしないシステムになっている。

しかし利息が高い分、利用する人が少ないと困るので、いろいろ利用しやすいように工夫する。むろん、消費者金融会社が損をしないように工夫される。

ある消費者金融の会社は一週間以内に返済すれば、利子を取らないというシステムを作った。一週間無利子というのは、借金をする人にとっては大きな魅力だ。給料日の五日前に借りて、給料日に返せば利子が必要なく、先に給料を使えるからだ。むろん、大好評であった。

しかし、借りたお金を一週間で返す人はほとんどおらず、利子を払う人のほうが多かったという。

なぜなのか。

給料日の前にキャッシュが足りなくなるというのは、家計がひっ迫している証拠だ。もともと給料全体を使う予定がある家庭がほとんどである。そのため何とかやりくりし、節約して、借りた分を浮かせて初めて返せる。

給料日に返せる人がいないのは、もらった給料を節約して使う期間がないのだから、当たり前なのである。

消費者金融の会社がそこまで読んでいたかどうかは、わからない。最近は一ヶ月無利子キャンペーンというのもあるが、一週間でも、一ヶ月でも消費ということについては変わりがない。

消費は、なくなるということで、もともとないお金を消費してしまえば、返済はできない。

消費者金融は一時的に借りる時には便利なシステムだが、自分の消費にばかり利用していれば、自分を不幸にするシステムになってしまう。

ボーナス前に突然、家族が病気になって20万円ほどが必要になった——。たいていの人は保険に入っているから、払えるはずだが、保険金を払う除外事項に引っかかっているときには、保険は使えない。

そんなときに消費者金融は、審査を早くしてお金を貸してくれたりする。高い金額でなく、短期で払える予定のお金を借りるには便利である。しかし簡単に借りられるからといって、遊びのお金を借りたら金利は高いし、もともとないお金で遊んだのだから返せない。返すつもりで、給料やボーナスの使い道を計画しても、計画通りにはいかない。突然に起こる偶然の出費は、だれも予想できない。湯沸かし器が壊れて、突然の出費ができたりする。だから、借りたお金を遊びに使ってはいけないのである。

銀行は、家のローンのような大きなお金を借りる時にお世話になる。それ以外に何かあるだろうか。電気代や水道代の引き落としは、現在はクレジットカードのほうが良かったりする。銀行預金の金利より高いポイントがついて、後で買い物ができたりするからだ。銀行は安全にお金を預けておける、そんな程度かもしれない。

いずれにしても、自分の命や財産を守るには保険会社や金融機関と上手に付き合い、賢い消費者になることである。

27 個人の金融資産残高の平均値

金融広報中央委員会という中立的な組織がある。委員は金融経済団体、報道機関、消費者団体等の各代表者、学識経験者、日本銀行副総裁などで構成されている。この委員会は、家計などに関する数値を調査して、国民の生活状態を調べている。

2010年の調査結果によれば、金融資産（預貯金・株・債券など）を保有していない世帯が二割以上ある。2003年に初めて2割を超えてから横ばいである。二人以上の世帯の調査であるから、就職したくない若者の一人世帯は含まれていない。

金融資産残高が減ったという世帯は四割、また増えたという世帯は二割ある。減った世帯が、増えた世帯の2倍である。つまり貯めたお金の持ち出しをする世帯が増えたということだ。さらに年収の低い世帯ほど、金融資産残高ゼロの世帯の割合が高くなる。

こんなに貯蓄できない家庭が多いのに、政府は個人の預貯金を当てにして個人向け国債を出している。

貯蓄できる世帯が少なくなっているのに当てにするのはおかしい、そう思う人もいるかもしれない。

ところで数値のデータを調べる時に、平均値というのがよく使われる。

この平均値が、世帯全体でどのくらいの預金額を持っているかを調べるのに使われる。それによれば金融資産を保有している世帯の平均貯蓄額は、1542万円である。これだけあれば、個人向け国債を買える人がいて不思議ではないだろう。

しかし、世帯の平均貯蓄額が1542万円というのは、多すぎる気がしないだろうか。

じつは、平均値が全体の特徴を表しているとは限らないのだ。だから、いろいろな他の調べ方もしてみる必要がある。

中央値という値がある。その名前の通り、データの真ん中の数値を意味する。たとえばデータの個数が奇数のときは、

2、2、3、4、5

の五つのデータの中央値は3である。2が二つあるが、これは、1、2と二つ分に数える。

データの個数が偶数の時は、データの個数が2で割れるから、中心の値を出すためには、中心の二つの値を足して2で割る。たとえば、

2、2、3、4、5、6

を考えると、小さいほうから三番目が3、大きいほうから三番目が4である。この3と4を足して2で割ると、3.5である。これがこのデータの中央値である。

平均値と中央値は、それぞれ特徴がある。極端な例であるが、

1、2、3、4、100

という五つのデータの中央値は、3である。あくまでもデータを並べた時の、真ん中の値が中央値である。100が他のデータよりいかに大きくても、ただ順位だけを考えて、中央値は計算される。データの平均値は、すべてのデータを足し合わせて、データの個数5で割ると、

（1＋2＋3＋4＋100）÷5＝22

である。

平均値は100のデータの影響で、大きくなっている。

このデータが五人の財布の中の一万円札の枚数とする。明らかに100万円は特殊

な人である。中央値の3万のほうが、この場合は現実に近いといえる。中央値は100万円に影響されない。

このデータの場合の平均値22万円は、100万円を持っている人に、高めに引き上げられて、データの特徴とは言いづらい。

先ほど、金融資産の平均値は1542万円だった。同じ年の金融資産の中央値は820万円である。平均値が、中央値の2倍弱あるということは、先ほどのデータの例のように、大きな金融資産を持っている世帯があることになる。

この結果は何か不自然である。われわれの実感とは違う。不自然な理由は、金融広報中央委員会の資料の文章やグラフを見ると良くわかる。この平均金融資産額は、金融資産を保有している世帯の平均なのである。金融資産が0の世帯は含まれていない。金融資産0の世帯も含めた、全世帯の金融資産の平均は1169万円、中央値は500万円である。これでも中央値の2倍以上となっている。

すなわち、持てるものと持てないものの格差が拡大している。

拡大しているとは言っても、中央値が500万円であるから、金融資産を持っている人がかなり存在することは明らかである。政府は金融資産を持っている人の財布を当てにして、個人向け国債を発行しているのだ。さらに震災復興、年金維持などのために、消費税値上げや国債発行を考えているようだ。

金融資産総額は日銀の資料から計算されるものだが、「家計資産総額」から不動産等を差し引いた額、1400兆円のことだ。これがあるから、日本は大丈夫だという。しかし1400兆円という数値には、個人事業主の事業資金、すなわち個人の資産ではないと考えられるものも含まれている。事業に使う資金は個人の金融資産とはいえないだろう。

別の試算、2009年の統計局が行った全国消費実態調査の試算によれば、個人金融資産総額は672兆円で、このうち負債が206兆円あるという試算がある。個人金融資産総額は466兆円となる。日銀の計算と比べると、かなり少ない。負債も金融資産に入っているのだ。

少ないといっても、個人の466兆円というのはまだ大きな資産である。この資金を個人向けの国債を売ることで使えればと、政府は考えるのだろう。

日本人は、お金を銀行預金のような金融資産にして管理する傾向がある。するど個人向け国債は、銀行預金と競合することになる。すなわち銀行預金をある程度解約して、個人向け国債を買うことになる。もちろん、すべての人が個人向け国債の資金に預貯金を使うわけではない。株などをお金に換えて、国が保証する国債を買おうという人もいるだろう。しかし先ほども書いたように、日本人は余っているお金を銀行預金に預ける。

銀行は、すべてが個人の預金ではないが、預金をもとにして企業や個人に貸し出してお金を社会に回している。その回し方の中に、国債を引き受けるという役割があるので、すでに個人の銀行預金の何割かは国債を買うために使われている。

要するに、すでに個人の金融資産で、銀行は国債を買っている。個人の金融資産総額が1400兆円でも、466兆円でも、仕組みは同じである。個人が銀行に預けている預金をもとに、銀行はすでに国債だけでなくほかの投資にも使っている。

各銀行は、自分の銀行の預金より多くのお金を動かせる。これは日銀の監視の下《もと》に行われる。だから個人の預金を使わなくても、国債も買えるし、投資もできると言うかもしれない。しかし銀行が動かせるお金の基本は銀行預金で、それをもとに動かせるお金が決まってくる。個人預金が、思った以上に解約されて、個人向け国債を買うことに回ったら、銀行資金はショートする。

預貯金というのは金融機関によって、すでに運用されている。それなのに、それを当てにして個人向け国債を発行するのは、一つのお金を二回数えていることにならないか。

個人向け国債をそれほど多く発行しているわけではないから、銀行預金の解約はそれほど起こらない、という。だが、この理論は危険である。どれだけの預金が解約されたら銀行が危なくなるか、誰も知らされていないのである。

さらに日本の予算は約80兆円。この中の約30兆円が、公債すなわち国債などの借金で賄われている。今までの累積で、およそ760兆円の借金が残っている。国債は10年物、5年物と、それぞれ少し利子をつけて償還しなければならない。2011年に30兆の国債を発行したとして、17兆を償還に使うので、結局13兆しか残らない。借金を返すために借金をする。これでは、いつまでも借金が減らない。

そこで、1400兆円の預金残高すべてを国債発行に使っても大丈夫だという暴論が出てくる。先ほども書いたように、預貯金残高をもとに銀行や金融機関はすでにお金を貸し出し、経済の循環に使っているから、まさに一つのお金を二重に数えることになる。

個人ならば、金融機関はこんな借り方を許さない。3ヶ月くらいで、お金の借り入れを止める。

銀行の資金が回っている時は、同じお金を二重に数えても、知らないうちに過ぎてゆく。二重に数えたお金が、利益を持って戻ってくれば問題はない。

しかし元金100万円を二重に数えて、100万円を2口貸したとする。貸し倒れをしたら、じつは貸したお金の元金は、ありませんでしたということになる。あったはずの元金が、マイナス100万円ということになる。

外で100万円を使っているのに、まだ家には100万円ありますよと言っているような日本経済のシステムは、偶然の出来事に対処できなければ、人を不幸にするのは明らかだろう。

28 人を偏差値で表すシステムの危険

学生の成績を評価するさい、大きく分けて二つの方法がある。

一つは絶対評価、もう一つが相対評価という方法である。

絶対評価というのは、取った点数をそのまま成績にする方法だ。

この絶対評価の場合、テストの難易度によって最高点や最低点が変わる。易しければ、１００点満点で、１００点がたくさん出る。難しければ、最高点は70点で０点がたくさん出ることもある。これをそのまま点数にするのが絶対評価という方法だ。

この絶対評価を営業マンの成績で考えれば、営業マンの売り上げを、売り上げの数値のままで判断することだ。

その業界全体の業績が悪くなれば、たいていの場合、営業マンの売り上げも悪くなり、業界の業績が上がれば、営業マンの成績も良くなる。

いっぽう相対評価の典型的な例は以前、小学校や中学校で使っていた5段階評価である。

この評価はクラスの生徒を成績順に並べて、5…7％、4…24％、3…38％、2…24％、1…7％の人数が入るように、1から5までの点数をつける。この点数の付け方だと、いつでも最高点5と最低点1が存在する。

この評価は、ある生徒がクラスの中でどのくらいの位置にいるのか、よくわかる。しかし日本全体の生徒の中で、彼がどのレベルなのかはわからない。その学校に成績優秀な生徒が少なくても、５は７％の比率で付けられるからだ。その子たちの実力は日本全体では、真ん中あたりということもある。

この相対評価で、会社の営業成績をつければ、営業マンがトップの成績をとって喜んだ直後に会社がつぶれたりする。

なぜなら会社全体の現実の売り上げの数字が悪くても、悪いなりに営業マンの順位が出るからだ。会社の業績が悪くても、営業でトップグループに入っているなんて話もできるが、意味のない自慢になるのは明らかだ。

この相対評価が役に立つ典型的な例は、受験である。

受験の合否の予想には、日本中の受験生の中で自分がどの位置にいるかが大切になる。科目の成績が、何点という絶対評価ではなく、全体の中で自分の点数が何番目にあるかが重要になる。受験生の全体の人数が多いから、正確に何位ということがわかっても、それだけでは上位何%に入っているか、わかりづらい。そこで全体の中で、大体どこの位置にいるかを知ることが必要になる。

この時に力を発揮するのが偏差値である。この数値は取った点数ではなく、全体の中でだいたい何番目かという数値であるから、相対評価なのである。

偏差値の一番単純な計算方法を説明してみよう。

偏差値は、模擬試験の点数だけでなく、金融機関の預金残高でも計算できる。計算を簡単にするため、全国の銀行・金融機関で預金残高が10位までに入る銀行・金融機関を使い、それぞれの預金残高の偏差値を求めてみる。２０１０年の預金残高10位までは、概算で次のようになっている。

順位	銀行名（グループ名）	預金残高
1、	ゆうちょ銀行	１７６・８兆円
2、	三菱ＵＦＪフィナンシャル・グループ	１３４・９兆円
3、	みずほフィナンシャルグループ	86・６兆円
4、	三井住友フィナンシャルグループ	85・６兆円
5、	りそなホールディングス	33・５兆円
6、	住友信託銀行	14・６兆円
7、	ふくおかフィナンシャルグループ	10・８兆円
8、	横浜銀行	10・４兆円
9、	中央三井信託銀行	9.1兆円

10、千葉銀行　　9.0兆円

最初にこの預金残高の平均値を求める。すべての預金残高を足し合わせて、データの個数10で割ればよい。平均57・1兆円（小数点以下第2桁を四捨五入）となる。次に分散という数値を計算する。この数値は、データのばらつきを表す数値としてよく使われる。各データの数値の値をaとし、mを平均値とする。最初にa－mを計算して、次にa－mの値を2乗する。

順位	a－m	a－mの2乗
1	119・7	14328・09
2	77・8	6052・84
3	29・5	870・25
4	28・5	812・25
5	－23・6	556・96
6	－42・5	1806・25

7	−46・3	2143・69
8	−46・7	2180・89
9	−48	2304
10	−48・1	2313・61
	合計	33368・83

a−mの2乗の平均値

合計÷10＝3336・883を分散と呼ぶ。

この分散の平方根を求めると標準偏差sと呼ばれる数が求められる。標準偏差もデータのばらつきを考える時によく使われる。

標準偏差　s＝57・8（小数点以下第2桁を四捨五入）

以上の計算で偏差値を求めることができる。

50＋（（a−m）÷s）×10

この式を見ると、a−m＝0のとき、すなわち預金残高が、全体の預金残高の平均に等しい銀行・金融機関が偏差値50になる。50の両側に各銀行・金融機関の偏差値が分布するようになっている。

それでは、1位から10位までの銀行・金融機関の偏差値を求めてみよう。小数点以下は、四捨五入して計算すると次のようになる。

順位	偏差値
1	71
2	63
3	55
4	55
5	46
6	43
7	42
8	42
9	42
10	42

偏差値をとると、実際の預金残高は、数値から消えてしまうが、第1位の銀行・金融機関が、他をかなり引き離しているということがわかる。また平均より低い預金残

高の銀行・金融機関は、ドングリの背比べであるということもわかる。

10個くらいのデータなら、なにも偏差値を作らなくてもと思われるだろう。それは、その通りである。しかし、１００個くらいのレベルになると、人間が一目見ただけでは、正確な判断はできなくなる。

もともと偏差値というのは、受験で学生が失敗しないように、通える学校がなくならないようにと作られた。偏差値の中心が50であることも、点数を相対評価するのにわかりやすいからだろう。

先ほど書いた、偏差値の求め方を点数に直せば受験の偏差値がでる。

しかし、各受験産業で作っている偏差値はこんな単純ではない。もう少し工夫が必要となる。先ほどの銀行・金融機関の偏差値でもそうだったが、一人勝ちの預金残高があると、偏差値が大幅に上がってしまう。

同じように模試を受けた中に、能力のない生徒がたくさんいる時、ちょっと頭のいい子が良い点を取ると、かなりいい偏差値が出てしまう。すると、その子の合格確率が１００％になってしまう。模試は日程により、いつでも同じ子が受験するわけではない。また、模試を行う受験関連業者がどの地方に強いかなどでも、点数は違う。

突然の合格率100%が出てしまうことを避けるために、各会社はいろいろ工夫している。だから偏差値の最高値も会社によって違うし、飛び抜けた点を取っても、あまりに高い偏差値が付かないようにする。また、どんなに点数が悪くても、0という偏差値は付けられない。受験生のやる気を失わせるからだ。だから悪くても、偏差値30くらいが最低になるようにしている。

ある受験生が受験生全体の中でどの位置にいるかを見ているのが、偏差値である。偏差値を見ているだけでは、落ちている日本の学生の実力を判断することができない。受験競争が大変だったとしても、どのレベルでの競争かは偏差値からはわからない。

競争が激しくなって実力は落ちるという現象が起きても、別になにも不思議なことではない。妙な練習ばかりして、試験の競争力だけが身につくことだってあるからだ。社会現象や自然現象は、教科書に出ているような、きれいな数値やグラフになることはほとんどない。教科書の中の問題が解けて、いくら偏差値が高くても、教科の本当の実力はわからない。

教科書の中の公式などを実際の現実に応用できるかどうかが、本来の実力である。

数値をいじって偏差値を作るより、目の前にいる学生の計算力を見るほうが、よほど確実に実力がわかる。

天災や社会現象の偶然で起きる被害から、最低限、人々を守るような理論を身につけるためには、偏差値などを当てにしては不可能だ。

学生の本当の力を計ろうと思えば、相対評価ではなく絶対評価しかないのである。

社会は
男と女の仲で
決まる

第4章

29 受精能力の減退

アメリカのシルバー博士によると、人間の場合、正常な夫婦で一ヶ月間の妊娠率は30％だという。ただし、この確率は女性の排卵日などを考えてセックスをした場合である。また年齢や個人差があるので、正確な数字を出すのは難しい。30％は妊娠確率の推計の中で、最大に近い数値である。

だが、人間の妊娠確率は哺乳類の中では抜群に低い。ねずみなどの場合は排卵日にほぼ100％の確率で受胎する。

男性の精子の数も、ほかの哺乳類と比べて1/6と少ない。二十七歳ぐらいの女性が排卵日にセックスしたとして、その受精確率は1/6ぐらいである。

しかしこの数字も、排卵日に種馬みたいな人にセックスをしてもらい、集中的に調べないといけないので、正確な数字はわからない。あくまで、目安である。もちろんもっと若ければ受精確率は高くなり、年を取るにしたがって低くなる。

ほかにも子供が少なくなる原因が現代には存在する。

『アイドル不妊症候群』

この言葉を覚えているだろうか？

ひと昔前までは、アイドルというのは、ちょうど女性の第2次性徴の年ごろの子がなることが多かった。この時期にアイドルになると、充分な睡眠、運動、バランスのとれた規則正しい食事、これらのすべてが欠如してしまう。すると第2次性徴が健康的に成就されず、子供のできにくい体となる。この症状が『アイドル不妊症候群』である。

アイドルだけではない。体操選手なども同じである。十歳ぐらいで人間は一度、体のバランスが完璧になる。すると体操の平均台などで、完璧に機械的な演技ができる。それで、その体型を保持しようとする。そのため第2次性徴の直前に、食事制限などの、無謀としか言えないことをする。もちろん、すべての選手というわけではない。これほど極端ではなくても、十歳過ぎの子供に、夜10時まで塾にいさせたりする親がいる。

子供の成長期に無謀なことをする親には、専門家が徹底的に反対すれば、なんとかなった。

だが少子化が進んでしまうと、どうにもならないことが多い。子供の教育にお金がかかる、子供がいると働けない、といったことが原因で、子供が少なくなるような流れを止めることが難しい。子供が少ないほうが、一人にお金をかけることができて、頭のよい子が育つ。両親も働いたほうが、男女が協力して社会を作っていることを子供に見せることができる。

このような考え方を悪いとは言えないので、どうにもならなくなる。

少子化によって競争が少なくなり、子供の精神的な弱さが目立つようになる、などと言うと、競争自体が悪いことだというような、教員さえいる。

少子化が社会の流れになると、どうなるか。

子孫を残す本能に影響し、特に女性のセックス嫌いが増えてくる。

次に掲げるのは夕刊紙に載ったデータである。100人の女性に聞いた性生活頻度調査だ。

週5回以上	14人
週3〜4回	11人
月4回	18人

月2回	16人
月1回	20人
なし	12人
その他	9人

その他というのが、何かわからないが、約1／2が月2回までしかセックスしないというのはあまりに少ない。100人程度の調査では正確なことはわからないが、セックスの回数が減少しているのは否めないだろう。

子供がいるかいないかで、だいぶセックスの回数の状態は変化すると思うが、男たちがそのぶん、外でしているとも思えない。ということは男にもセックス敬遠の気味があるということになる。

さらに、これに追い討ちをかけるように、精子の減少問題がある。

慶応大学の調査では、今の若者の精子の数は12％も減少しているという。1998年の11月に行われた日本不妊学会でも精子減少の報告が相次いでいる。それだけではない。こんな相関関係も報告された。IVFなんばクリニックの西原卓志先生の発表によると、ファーストフードをよく食べる若者の77％に精子奇形が高い傾向で表れ、またジーンズをよくはくと答えた人の62％に精液過少症の傾向が表れたという。

ただし、精子の減少ということには疑問を投げかける人もいる。現代人は風俗産業や多くの性的刺激のなかで生きている。だから多くの精子を体の中にためるほど、欲求不満の者はいない。検査をした時の精子の量が少ないからといって、精子を作る能力が減退したのではない、という説もある。

精子や精液の減少傾向は、相関を考えれば、偶然ではなく、利益を考える人間が作り出した経済活動の結果である。ファーストフードは塾に行く時の食事には簡単だし、忙しい時にはすぐ食べられて便利だ。便利だと思えば多くの人が使い、それを当てにしてお店も増える。

その結果、人間が予想もつかない精子減少などを引き起こす。

ただし、先ほどの結果はあくまでも相関であって、ファーストフードやジーンズが原因と言っているわけではない。

予想もつかないから偶然だと思うのは人間のほうで、自然の流れから見れば当然なのかもしれない。人間が自然から学べば、偶然ではないことがわかるかもしれない。

いずれにせよ精子の減った若者が子供を作って、子孫を残す力を計算してみよう。最初に書いた受精確率1/6を基にする。動きの鈍い受精の役割を果たさない精子が4/5ぐらいあるという研究結果がある。この受精能力のない精子の割合も考えると、受精確率1/6は正常な男性の場合だから、受精する確率は、

$(1/6) \times (4/5) = 2/15$

である。

こんなにも、若い人の子供を作る力が落ちている可能性があるのだ。

さらに環境ホルモンとの関連がある。環境ホルモンというのは、ここでは人間が工業的に作り出す体内ホルモンに類似した物質としておく。

このホルモンは人間のホルモンバランスを乱す。生物で習った記憶があると思うが、人間の性を決める染色体には、X染色体とY染色体と呼ばれる遺伝子がある。親からXYの組み合わせをもらうと男性になり、XXの組み合わせをもらうと女性になる。XYの組み合わせで男性になるといっても、Y染色体があるだけではだめで、Yが発現するようにきっかけを作るホルモンが必要なのだ。

そのホルモンが環境ホルモンによって乱されると、男女の出生バランスが崩れる。

人間に進化する過程で、突然変異という偶然を繰り返しながら、自然は男女の出生バランスをとるようにしてきた。

人間は体内で女性に育ち、途中でY染色体の発現で男性になる。その結果、男性のほうが構造的に不安定にできている。だから男の子は育ちにくいので、最初の子は女の子が良いという昔の人の言うことは正しい。育ちにくい男の子が、ほんの少し出生確率が高くなるように突然変異で調整されてきたと考えられる。

それなのに、男性が少なくなるような余計な環境ホルモンを作ってしまっている。はっきりした原因はわからないが、どうもいろいろな研究結果から、人間の作り出した物質が子孫を作る能力を削減し、また男女の出生バランスを乱しているらしい。さらに子供の発育の途上では、塾通いによる寝不足、不規則な食事などで、発育を阻害している。

人間は、種としての人間を自分自身で弱くしているようである。もっと謙虚に環境に従うことを学ばなければ、社会に必要な子孫を残すことができなくなる。子孫が続かなければ、人間社会の存続はありえない。この時に最も大切なことは男女関係であり、家庭の子育てである。子供が、社会の中で生きてゆく能力、または偶然おこる問題に対応できる強さを身につけるよう育てなければならない。その役割の中心は、家庭の母親と父親の子供に対する厳しさと愛情である。家庭を無視して社会は成立しないのである。

30 遺伝子と脳内物質のいたずら

自分が幸せになるためにはどうすればよいか。

自分の力で考えなければならないのは当然である。

しかし人間が生きていく時に解決しなければならないことは、たいてい初対面の問題である。前にあったことと同じに見えて、状況は少しずつ異なる。

これは会社の中であろうと、家庭生活であろうと同じだ。今まで習ったこと、経験したことから、どうすればよいのかを自分で判断する力が必要だ。すなわち、学んだ知識の応用力である。

その応用力をつけたと人間はうぬぼれて、自分がすべてを決めていると思ってしまう。特に結婚などの人生の一大事件は自分の力で決めると考える。

結婚は、人間の一生が幸せになるかどうかの、大きな要素になるものの一つである。

しかし完璧でない人間は、結婚という人生の大きな問題に対して、いくら自分で決めたいと思っても、いざという時、自信がなくなる。相性判断とかの占いに頼ってしまうこともある。

人生の転機になる可能性がある結婚を成功に導きたい。そう思うのは当然だ。それで女性は、言い伝えのある6月の花嫁、「June Bride」になりたがったりする。この言い伝えはギリシャ神話が発端である。6月の神様Juneは、ユノーで、ギリシャ神話の主神ゼウスの奥様である。ユノーは嫉妬深くて有名なので、嫉妬深い女神に守られた花嫁は、幸せかもしれない。

実際にアメリカの出産件数を調べると、3月にほんの少し出産件数が増える。これは、9ヶ月前の6月の結婚が多いことが原因と考えられる。June Brideの考え方が、原因のように考えられないこともない。

しかし、実際にはもっと現実的な理由がある。アメリカでは、学校生活が終わって結婚、新しい生活を始める月が、6月なのだ。

このように結婚の時期を決めるのは、かなり社会的な制約が作用する。

野生動物ならば、結婚の時期というのは出産の時期から逆算する。住んでいる場所の自然環境により、餌などの状態が変わるからだ。

人間の場合は、自然環境で結婚の時期を決める必要はない。食べ物はいつでもあるからだ。その代わり、会社がいつ忙しくなるか、住むところが見つけられるか、カップルごとに調整が必要となる。

つまり人間の結婚は、社会的な制約との調整が中心になる。そう結論できる、と思うのが普通だが、現実のデータは、ちょっと違う現象を示している。

北半球の人間の出産ピークは8月と9月にある。アメリカでは、3月に出産件数の小さい増加があると書いたが、それより大きなピークが8月と9月にあるのだ。

出産を、人間は調整できるから、必ずしも結婚件数のピークが出産ピークの9ヶ月前とは限らないが、ある程度の相関はある。8月と9月の9ヶ月前は、晩秋の11月から初冬の12月にかけてである。

この時期に、何か特別なことがあるのだろうか。

鳥は、暖かい春に繁殖の時期を迎える。食料となる昆虫や果物が多い時期なので、雛の死亡率を低く抑えることができるからだ。さらにこの時期、鳥の生殖を積極的にするホルモン、テストステロンが高いレベルになる。

野生動物とは違い、人間に繁殖時期はない。頭脳で考えて、本能では行動していないからだ、と考えるかもしれない。しかし晩秋から初冬が、なぜか人間の精子数が最高になるのだ。さらにセックスに積極的になるホルモン、テストステロンのレベルも最高になる。

人間は自分の意思で、自分の結婚の時期を決めていると思い違いをしていたようなのだ。

人間は精子数が多くなる11月または12月に、結婚を体に命令されている可能性が高い。つまり自分の意思ではなくて、体内物質の制御を受けて結婚していたようなのだ。これは自分の意思と判断で結婚をしているという、人間のうぬぼれを完璧に打ち砕くデータといえるだろう。

こんな実験もある。つり橋と、頑丈な橋との上で、ある調査をした。それぞれの橋を通った男性に、短い文章を書いてもらう。さらに、もうひとつ、仕掛けをする。大学院生の女性が橋の上に一人で立って、一人で歩いてくる男性一人ずつに、つり橋と頑丈な橋の両方で必ず、「調査についての質問があれば電話をしてください」と、電話番号の書かれたメモ用紙を渡した。

この実験の結果だが、頑丈な橋の上より、つり橋の上のほうが、恋愛についての文章が多く書かれた。また、つり橋を渡った男性20人のうち、18人が大学院生の女性が渡したメモ用紙の番号に電話してきた。彼らはみな、渡された電話番号が彼女のものだと思い込んでいたという。

これらの実験から、命の危険は本能的に子孫を残す行動を取るように働くらしいことがわかる。

つまり、人間は危険な状況ではより恋に陥る可能性があるということだ。恋の予感が浜辺にあるのも、海という場所が、ある程度危険なところだという認識があるからだろう。

異性に自分の意思でアプローチをしたと思っていても、周りの状況が意思を決定している可能性がある。遺伝子が子孫を残せと命令しているのかもしれない。この作用が恋心を生み出している可能性がある。周りの危険な状況が、偶然に自分の前に立った女性を自分の好みだと思わせる。テストステロンのようなホルモン物質が体の深いところで、絶対好きになれと、あなたに命令しているのかもしれない。

多くのデータがあるわけではないが、現実に天災の前には結婚が増える。自然が、子孫を残さないと種が危ないと指示を出して、結婚する気持ちになるようにしている可能性も高い。ソープランドのお客さんには、仕事に疲れてお店に来る人が多いという。疲れている時には、人間の生命力が落ちている。残せる時に子孫を残しておけと、セックスをする気分にさせる。それは自然か遺伝子の命令かもしれない。

何かの原因で、女性と早く付き合えと自然や遺伝子の命令が来た時、出会った女性を好きになる。これを偶然の出会いと、人間は勝手に思っているだけかもしれない。

31 限界のある異性キープ

男女の付き合いが、前の節に書いたように命の危険をきっかけに始まることは、いつでもあるわけではない。特殊な場合であるが、命の危険な状況では本能的に子孫を残す行動、すなわち恋に陥る可能性が高いということだ。

普通、男女は生活のなかのどこかで出会いのきっかけがあって付き合いをはじめる。会社で知り合ったとか、学校の同級生とか、日常で知り合った相手と付き合う。

その相手に恋愛感情をもたせるために危険な状況を作ろうと、ジェットコースターに乗るような方法もあるかもしれない。

そんな知恵を使っても、相手に自分を好きにさせるつもりが、かえって自分が相手に夢中になってしまうこともある。

相手に夢中になるきっかけは、それぞれの人で異なるだろう。

だが相手の顔がきっかけという場合が多い。人間は心だ、とか言っても最初の印象は顔である。顔が、心を反映することは良くある。

あっ、綺麗だなと思い、付き合ってみたいと考えるのは自然である。もちろん一緒にいたり、話したりしてみないと相性はわからない。それで、複数の異性と同時に付き合うまではいかなくても、友達になったりする。友達付き合いでも、好きだなという気持ちがお互いに少しあると、相手が別な異性とデートしているのがわかれば気分が悪い。

では付き合う相手が複数いる場合、デートの日が偶然オーバーブッキングになる確率はどのくらいかを、計算してみよう。相手とは一週間に一度会うとする。

最初の一人はどの曜日でもいいので、次の相手が最初の相手と重ならない確率は、6/7となる。これで二日埋まったので、次の相手が、すでに埋まっている曜日と重ならない可能性は5/7。これを掛け合わせていけばよい。

デートが重ならない確率は、

相手一人　問題なし
相手二人　6/7=0・8571
相手三人　6/7×5/7=0・6122
相手四人　6/7×5/7×4/7=0・3499

となる。

この計算から、付き合える異性の人数は、どのくらいまでが良いと考えたらいいのだろう。厳密な理論的な根拠があるわけではないが、約束がオーバーブッキングにならない、すなわちデートが重ならない確率が0.5くらいで切るのが妥当だろう。オーバーブッキングの確率が0.5を超えたら、かなり危険である。鉢合わせの可能性がある。

一週間に一度は会うことにすると、キープをするのは、三人でやめたほうが安全である。

異性を顔で決めると言うと、人は姿形ではないと、すぐに目くじらを立てる人がいる。しかし、綺麗な顔をもらって生まれるのも、才能を親からもらって生まれるのも、同じことだ。偶然に親から良いところをもらったら、そんなに素晴らしいことはない。

人間は努力が大切だというのは、才能がない人間は努力しか財産がなく、世の中のほとんどの人が、才能がないからだ。それに才能がある人間も努力が必要なのだ。というより、むしろ才能のある人のほうが、より努力をしている。親から偶然もらった能力を生かすには努力が必要だからである。

顔が綺麗だというだけで、評価されるのはおかしい。人気が出るのはおかしいと声高に言うほうがおかしい。綺麗であることを維持するのは、やはり努力が必要なことだ。

男性も女性も容姿の綺麗さ、話し方で人気が出るのは不思議なことではない。容姿や話し方の中に、第1章で書いたような黄金分割や1／fのゆらぎがあると、見ているほうの気持ちが安定するからだ。

人間に備わった、このような宇宙の摂理のような比率や振動などで、綺麗と思ったり気持が良いと感じたりすることは、時代によって変わるものではない。

しかし、人の顔かたちの好みは時代によって変わる。

一時、醤油顔とかソース顔とかいう表現があった。さっぱりした顔が受ける時もあれば、濃い顔が受ける時もある。平安時代は、女性はおたふく顔が受けていたようだ。容姿の好みは、その時代の人間が自分の好みで変えていると思っているかもしれないが、じつはそうではない。

人間の容姿は基本的には対称である。この対称性の度合いが高いか、低いかで受ける感じが全く違う。生地の模様などでも同じであるが、対称性が高いと冷たい、固いという感じを受ける。同時に高貴な雰囲気がでる。対称性が低めだと、優しい、柔軟性がある、親しみやすいという感じを持つ――。こういう傾向があることは確かなのである。

そして、人間の体の対称性にはホルモンが関係している。男性ホルモンのテストステロンが多いと、対称性が高くなるという。もちろん人間は男性ホルモンと女性ホルモンのバランスの上に生きている。女性でもテストステロンが多ければ、対称性の高い顔になる。

男性ホルモンのテストステロンは競争とか闘争という心に関係し、外向的な傾向を作る。女性ホルモンのエストロゲンは協調とか調整という心に関係し、内向的、家庭的な傾向を作る。これはあくまでもホルモンの傾向であり、絶対的なものではない。女性でもテストステロンが多ければ、闘争的な性格になる。

これらのことを考えると、容姿の好みに時代の傾向があるのは、人間が自分で好みを変えているのではなく、その時代に必要な人間が偶然に生まれる確率を高くするために遺伝子が行動していると、考えられないだろうか。

つまり、種としての人間の遺伝子が、この時代に必要な人間のタイプは闘争的だと判断したら、エストロゲンが少なめで、テストステロンの多い対称性の高い顔を好きになれと命令する。また調整型の人間が多く必要な時代には、エストロゲンが多めで、テストステロンが少なめの、対称性が少し低く、穏やかな顔を好きになれと命令する——。

人間は誰に命令されるというわけでなく、自分で気の合う異性を探していると思っている。しかし、じつは種として人間の命令を、各個人が受けている可能性がある。

社会が停滞して改革が必要な時には、徐々に対称性の高い顔、ソース顔が好まれる。あまりに改革が進んで、そろそろ社会を安定させないといけないとなると、さっぱりした対称性のあまり高くない、醤油顔が流行る。

そんな流行を人間が自分で作っていると思っていても、実は遺伝子の命令かもしれない。そして偶然作られたと思っている流行の裏にも、世の中に必要な遺伝子を持って生まれる確率を高くするような、遺伝子の命令があるのかもしれないのである。

32 なぜ「できちゃった結婚」は多いのか

厚生労働省の調査によると、結婚前に妊娠している割合は、
1980年（昭和55年）に10・6％
2004年（平成16年）には26・7％
であり、約20年間で倍増である。この調査よりもっと多くの割合が、できちゃった結婚をしている可能性がある。籍を入れない場合はシングルマザー扱いになるからだ。
2004年の調査で、できちゃった結婚の割合は、
15歳から19歳では82・9％、
20歳から24歳では63・3％、
25歳から29歳では22・9％、

30歳以降で約一割

である。

若年層ほど、できちゃった結婚の可能性が高い。この原因については、大きな二つの要素がある。一つは、性の自由が行きすぎて、友人の家などでもセックスができてしまうなど、セックスする場所が多いこと。もう一つの要素は、性の自由があっても、片方では慣習に縛られ、子供がいるならば籍を入れておかなければという、法的な婚姻関係を重視する考え方が根強くあること。

できちゃった結婚が多い反面、別の傾向もある。晩婚願望である。欲しい子供の人数は2.1人という、新聞などの調査もある。これは、ある程度の年齢まで達していて、会社に勤めた経験があるか、勤めているような人たちの話である。

若い子は自由な性交渉をする割には勉強をしないので、正しい知識がない。コンドームがないにもかかわらず、自分の願望のままにセックスをしてしまう。

十代にできちゃった結婚が多いのは、二つの理由がある。一つは先ほど書いた、セックスをすることが簡単になって、その結果、妊娠しやすくなっていること。もう一つは、社会的な慣習の力がまだ強いということ。結婚していないのに子供がいることはいけないという慣習はかろうじて残っている。だから妊娠をした時には、親族が結婚という形を取らせる。結局、できちゃった結婚になる。

二十代のできちゃった結婚は、いま述べた理由では考え難い。この年になれば、避妊の方法を知らないということは、ほとんどないだろう。自分たちの判断で、子供ができてもよいと考え、子供ができたことがきっかけで結婚することもある。

できちゃった結婚が多いといわれる一方、テレビなどで結婚についての意識調査をすると、晩婚願望があり、子供の数は二人くらいでよいという人たちがいる。

先ほどのできちゃった結婚が多いという事実と、テレビなどの結婚に対する意識調査からわかることがある。できちゃった結婚をしやすい早婚型の集団と、晩婚願望が強い集団の二つが存在しているということである。

晩婚願望のある集団は、結婚相手の収入に対する（特に女性側の）要求水準が高い。一方、できちゃった結婚は、収入の不安定な者同士の場合が多い。収入不安定なできちゃった結婚と、収入の安定した晩婚集団の二つは、社会階層として固定化し、その世襲化が進む可能性が高いという。

一般的に、社会階層の世襲化が進むと、社会的な活力に陰りが見えるようになる。

江戸時代に幕府や藩の役職が世襲制になると、各家の子供が努力しなくなる。それで役職に就いた者の実力がなくなる。

社会階層の固定化、世襲化は特に社会的な地位が高い階層の実力低下を招くことが多い。その階層が、既得権を守るために保守的になり、改革を忘れるからだ。

一方、経済的に不安定な集団は、日々努力し何とか生活していく工夫をしなければならない。それだけ社会的なストレスが高い。そのようなストレスの高い集団の中に、突然変異的に実力のある優れた人材が生まれる可能性が高い。

日本の社会は今、少子高齢化で停滞し始めている。他方で子供の実力を削ぐような塾通いや、保護のしすぎをしている。社会を活性化したまま人口を減らすためには、優れた人材が必要となる。優れた人材は、ストレスの高い収入の不安定な集団の中に生まれる。

ならば社会階層としてのできちゃった結婚の集団の中に、突然変異的に生まれる天才を期待できるかもしれない。この階層が増えたのは、社会の停滞を打開しようとする自然の流れなのかもしれない。

33 計算した力より偶然の力

かつて渋谷系の女の子を、コギャルとか山姥《やまんば》ギャルと呼んでいた。このコギャルをよく描いていた今井俊満という画伯がいた。

今井画伯の絵は、絵の具をキャンバスに塗るのではなく、落とすようにする。とても特徴のある画法である。コギャルを描いていた理由は、彼女たちが非常に個性豊かだったからだそうだ。当時、画伯はすでに70歳を超えていたが、渋谷に行っては109などで彼女たちと話しをしていた。

その後、コギャルたちは面白くなくなったそうだ。コギャルの教祖のような人が出てくるや、みんなが教祖と同じ化粧、同じ格好をするようになった。個性を失い、今井画伯を引き付ける力を失ったのである。

コギャルは同世代の集団が普通するような、朝学校に行き、学校が終われば塾へ行ったりクラブ活動をしたりという行動を拒否していた。または、その集団から追い出された子供たちだ。自分の居場所を見つけて、自分なりに生活する方法を探っていたはずだ。未熟だが、自分の生活を変革しようとする潜在的な力を持っていた。あるいはそれをしないと、生きてゆくことができないというような、何かを感じ取っていたのだろう。それが今井画伯の心を捉えていたにちがいない。

結婚する前、この人が好きだと思った時、コギャルほど個性的ではないにしろ、誰しも相手の個性的なところに引かれたはずだ。動物でも、つがいになる前には、クジャクのように羽を広げたり、ほかの仲間とは違う自分を強調したりする。

これが成功して、人間が家庭を作ると、会社では失敗しないように、子育てではより良い大学に行けるようにと、守りに入る。

「みんながそうしている」、「おかしな家だと思われないように」などという感覚が強くなる。お隣が子供をピアノに通わせると、自分の家も通わせる。受験のために周りが子供を塾に通わせると、自分の家も後れを取らないようにと塾に通わせる。

ここで親の片方が、塾よりそろばんや習字の塾のほうがいいんじゃないか、などと言ったりすれば、もう片方から大変な反撃を浴びる。そろばんや習字の塾のほうが、はるかに受験に役立つ集中力ができるのにもかかわらず、である。

周りと同じことをして、知らないうちに個性を失う。そこに安定があるように見えるようだが、実は「偶然に起こる刺激に弱い家庭」ができあがるのである。

すべての家が同じであることなどありえない。子供の数や親の仕事、祖父母の数、それぞれの家族が違う問題を抱えている。それなのに、周りと同じことをして安心することに慣れると、自分の家の特殊性に気付くことができない。

大きくても小さくても、偶然の出来事はどの家庭にも起きる。たとえば子供が学校で喧嘩をしたり、突然父親が転勤になったりする。

子供が名の知れた大学を卒業し、名の知れた会社に入るというラインを親が考えていても、子供はそうは考えないこともある。親も知らない芸術家の遺伝子が子供の中に入っていたりすることもある。

安定した家庭ができあがって守りに入ると、偶然の出来事が引きおこす刺激に弱くなり、対応できなくなる。そういった刺激に対応できるためには、普段から小さな偶然を家庭の中に作っておかないといけない。

自分で作る偶然は、偶然ではないかもしれない。しかし、いつもの繰り返しとは違うことをすると考えればよい。小さい変化で偶然の出来事を作り出すのである。

休みの時に、たまには家族で旅行に行く。近くのレストランで食事をする。お墓参りには家族で行くなど、特別なことではないが、毎日の生活のリズムとはちょっと違ったことをすれば、文字通りいつもの繰り返しをほんの少し乱すことになる。先祖のことを話したりすると、自分の家が若干ほかの家とは違っていたりすることがわかることがある。先祖に芸術家がいたりすると、子供にその素質を見出すきっかけになるかもしれない。

いずれにしても、いつもの生活リズムを少し変化させる努力をすると、小さな揺らぎが家庭の中に生まれてくる。

宇宙というのも、ほんの小さな揺らぎで安定した構造を作った。小さな揺らぎができると、構造的に安定するのだ。

この小さな揺らぎが、いつでも家庭の中に生まれていると、硬く固まった状態では見逃してしまう悪い兆しが、小さいうちに感じられる。いつもと何かが違う、そういう勘ができるからだ。硬い状態では、小さい変化を感じ取れない。何か悪いことが大きくなるまでわからない。気が付いた時には遅いのである。

いつもの繰り返しをほんの少し変えるだけで、今まで見たことのない家族の反応が見られる。そこから学べることがたくさんある。

二人が出会ったころの個性もよみがえるかもしれない。また好きだった理由とかを思い出すかもしれない。それで相手を見直せば、二人は長続きすることだろう。

現代は夫婦の三分の一が離婚するという。未来はこうでなければならないと、周りを見て最初から計算しすぎるからではないか。

子供は親の計算通りには動かない。会社は夫婦の計算通りには動かない。突然つぶれたりもする。

偶然に起こったことに対して、それぞれの個性で協力する対応力が、夫婦の力なのではないだろうか。

お互いが出会って結婚したのは、とんでもない偶然の結果。それなのに相手を計算ずくの世界に引き込もうとすれば、好きになった時の相手の個性を削ってしまい、今井画伯がコギャルから興味を失ったことが夫婦の間でも起こる。

「計算した力より、偶然の力のほうがはるかに強い」と今井画伯は言う。

人間の浅知恵で未来を計算するより、二人が出会った偶然に期待しよう。たぶん偶然に何かが起こっても、二人の個性で対処できるにちがいない。

34　不倫の役割

平成13年の司法統計からの計算によれば、離婚の原因の上位五番目までは次のようになっている（複数回答なので合計は申し立て総数より多い）。

【妻からの申し立ての動機】申し立て総数　45061件

1位　性格の不一致　20482件
2位　暴力　13611件
3位　異性関係　12286件
4位　精神的虐待　11321件
5位　生活費不払　10178件

【夫からの申し立ての動機】申し立て総数　17616件

1位	性格の不一致	11036件
2位	異性関係	3426件
3位	家族との折合い	3158件
4位	浪費	2411件
5位	異常性格	2407件

この中で異性関係というのが、不倫に関係する事柄だ。さらに男女とも1位の性格の不一致は、普通に使われる世間体を考えた理由であるから、この中にも異性関係が入っているだろう。なにしろ結婚したら1/3ほどが離婚、約1分30秒に一組が離婚している。

離婚の理由の上位が異性関係ということは、不倫をするほど不安定な家庭が多いということになる。

現代社会は、生まれた子供がちゃんと育たなかった昔ほど多くの子供を必要としなくなった。セックスも繁殖という根源的な役割から離れて議論されることが多い。

しかし、人間も動物であるから、基本的な本能に支配されている。

たとえば、男は自分の遺伝子を残すために女を求める。女は少しでも強い子孫を作るために男を選ぶ。このように二つの性はそれぞれの戦略で異性を選ぶ。

自分の遺伝子を残そうとする男は、だからなるべく多くの女と交わりたいと思っても仕方がない、という男の不倫理由を正当化する古臭い議論がある。

男の不倫を、男の特性で許そうとするなら、女がその特性からとる戦略を、男は否定できなくなる。女にも優れた子孫を残そうとする本能があるからだ。卵子を毎月一つしか作れない女が優れた子供を作ろうとしたら、どうするか。

女にとって、食料は決まった男にコンスタントに運ばせるほうが都合がよい。だから農耕民族は一夫一婦制という方式を早くからとった。いっぽう遊牧の民は強い男にたくさんの女が集まる形をとりやすい。動物も同じ種であっても場所により一夫一婦制をとったり、とらなかったりしている。その場所に生まれた偶然が、一番その地方の自然に適した形態を選ばせているらしい。

日本は一夫一婦制だから、普通は決まった男が決まった女に食料を持ってくる。女にしてみれば、食料の確保が安定したことになる。次に、優れた子孫を残したい、そう考えれば良い遺伝子を求めたくなる。卵子は月に一つしか使えない。妊娠すれば、一年ぐらいは次の子供を作れない。だから卵子一つ一つを大事にしたい。その大事な卵子を、目の前の一人の男の遺伝子と結合させるだけでいいのか。他の男の優れた遺伝子とも結合させる必要があるのではないか――。

つまり男の不倫と同じように、女の不倫も正当化されることになる。

仲の良い夫婦を「おしどり夫婦」というが、鳥は基本的には一夫一婦制をとって餌の確保と子育てをする。彼らが不倫をするとは思えない。

だが遺伝子鑑定をすると、親が違うことがわかる。鳥について行なった鑑定の結果は次のとおりだ。ムラサキツバメ35％、シジュウカラ24％、モズ10％、ミドリツバメ38％と驚くほどの不倫率である（このデータは『Ｓｅｘをめぐる24の謎』〈学陽書房〉参照）。おしどりは、まだ研究が進んでいないようだが、かなりの不倫率のようである。

鳥も不倫をするからといって、人間が良い子孫を残すために不倫して良いという理由はない。

また現代の不倫には、ちょっと別の要素があるような気がする。前にも書いたが、セックスには子孫を残すためという役割が薄くなっている。そういう時代に、子孫を残すだけの理由で不倫が増えるというのは、理由として弱いのではないか。

そこで、こんなことが考えられる。現代社会では「触れ合い」「温もり」という感覚の役割が注目されている。こういう感覚が注目されるということは、それが少ないということだ。

「触れ合い」「温もり」という感覚に満たされて大きな安心を感じるのは、好きなひとを抱いているときだろう。この安心感が家庭の中になければ、それを外に求めるしかない。

つまり、安心感の欠如が、不倫に走らせていると考えられないだろうか。

これが理由の不倫は、だから男性にも女性にも起こりうる。家庭が給料を持っていくだけの場所になった男性。子育てを任されっぱなし、それと食事を作るだけになった女性。

人との触れ合いが少なくなった現代に不倫が増えるのも納得できる。

異性の容姿の刺激は、指数関数的に減少する。テレビなどの宣伝効果と同じだ。最初に凄くきれいだと思っても、すぐに慣れてしまう。

しかし、触れ合いから得られる安心感は減少しない。二人の関係が深くなればなるほど増加する。二人で抱き合っている時には容姿を気にしたりしない。今まで築いてきたお互いの繋がりから来る安心感を確かめ合う。だから触れ合いの満足感、安心感は増加して行く。この満足感、安心感は男女間のものだけではなく、親子の関係の中にもある。近所同士にも存在する。

不倫が、触れ合いや温もりがないから増えるのであれば、社会的な病気と考えるほうが自然である。不倫には子孫を作るためのセックスはない。いわば自分の心が満たされない時、偶然に出会ったちょっと気の合う相手とするセックス。

しかし、それを運命の出会いと考えてしまい、家庭を壊してしまうとしたら、これはかなり治りにくい病気の一つに入ってしまうだろう。

鳥などの不倫は、強い種を作るために、自然が作り出した生物のシステムの可能性が高い。

人間の不倫は、精神的に満たされない人間が、自分の都合で作り出した可能性が高い。放っておけば、偶然の経験から学ぶことを繰り返しながら作られた人間の家庭という社会の基本が壊れてしまう可能性がある。

35 結婚しない人たち

現代の結婚観をよく表しているのは、内閣府が2009年12月7日に行なった世論調査の結果である。

「結婚は個人の自由だから、してもしなくてもどちらでも良い」という質問に、男性は66%、女性は74%が賛成の意思表示をしている。世代別では若年層のほうが、賛成率が高い。

しかし結婚を社会的な信用の一つと考えると思われる60代でも、賛成派が5割を超える。今まで早く結婚しなさいという役割を果たしていた世代も、もう結婚しなさいとは言わなくなったようだ。

結婚離れの傾向が強くなってきた上に、さらに次のような数字がある。10年前くらいの新聞の調査で、バブル時代に育った18歳から34歳までの未婚の7600人に対する調査で、出てきた数値である。理想の相手が見つかるまで結婚しなくてかまわないという人が男性50・1%、女性56・1%で、両方とも50%を超えてしまった。

また、いずれ結婚したいと思っている人も9割を切った。これはどういうことかというと、異性に結婚を申し込むと、1/10の確率で、私は結婚しないの、という理由で断られるのである。

この調査は、日本経済が一番いい時に育っている世代に対して実施されている。そのせいか、この世代にはたいていの望みは叶うという幻想があるらしい。

就職もバブル時代にしているので、楽な就職をした人間が多い。こんな生活がいいという主張はするが、その生活を作り上げるのは自分ではない。周りがしてくれるもの、と心のどこかで思っている。

この世代に早く結婚しなさいという役割を果たしていた60代も、バブル時代を経験している。それゆえ、もう一度あの時代が来る可能性があると考えて、無理に早く結婚する必要はない、もっと条件のよい相手が現れるだろう、という発想になるらしい。

現在の日本経済の状態を考えれば、自分で努力し、少しでも人と違う能力を身につけて生きていかなければならない。結婚相手に頼ってはいけない、という発想のもとに、これら結婚観の数字が出てきたのなら、なんの問題もない。

望みが叶うのは、自分の努力とそれを助けてくれる偶然があるからだ。努力をしないと、自分と他人との差別化ができない。他人にはできないけれど、自分にはできる。

そういう能力がないと、偶然に巡ってきたチャンスを生かせない。

だが結婚をしない彼らの発想は、自分の努力ではなく、楽しいことは向こうからやってくる。だから我慢して誰かと一緒にいる必要はない、というものだ。それを裏付ける数字がある。

先ほどの7600人の調査の中で25歳〜29歳では、結婚に利点がないと回答した人は、男性23・1%、女性23・6%である。独身である理由では、「結婚の必要性を感じない。」「自由や気楽さを失いたくない。」が目立つ。

特に驚くべき数字は30代の独身OLの場合で、結婚してもできれば夫と同居したくないと答えた人が、28・5%もいる。

だから、夫の親との同居など信じられないということだろう。相手の親との同居となると、一番いやなことを選ぶ質問の中の一位で、65・7%になる。

さらに結婚してある程度の年齢になっている人たちにも、同じような結果がある(三井ホームの調査)。

この調査は首都圏在住の400組800人の夫婦に行なったもの(年齢は43歳から55歳まで)で、それによれば妻の不安の第一位は「収入がなくなること」、第二位は

「夫がいつもいること」である。

女性に独身願望が強い傾向があるので、男性は結婚するのも難しいが、結婚できても家にいると嫌がられるので、給料が下がらないように一生懸命働く。一生懸命働いていると、家庭を顧みないと言われ、下手をすると定年後に離婚され、子供は母親の味方をする——。

これでは家庭に温もりがあるはずがない。

働いているのがどちらでも、または共働きでも、温もりがないと片方が感じている時には必ずもう片方もそう感じている。

すると、家庭の外に温もりを求めるようになるのである。

ところが、偶然の天災や事故などが起こった後の世論調査には、自分の家庭を見直し、大切にしようとする傾向が、はっきり出る。

天災や事故の後には、ここまで生活してくるのに、一緒に苦労したことなどがよみがえるのだろう。

また天災が起きると家族だけでなく、隣近所とも協力して生活していかなければならない。家族ごとに集まって、それぞれの家族ができること、できないことを話して補完し合う。このとき初めて家族は社会を作る最小単位であり、それなしでは社会が成立しないことがわかる。また隣の家族と協力するためには、自分の家族が一つになっていないといけないことを理解するのである。

人間の作った便利さは、他人の協力を必要としないという誤解を生んだ。自分の家族が隣近所から孤立しても、生きていかれる状態を作った。

家族の中でも、親にしかできなかったことが子供にもできるようになった。いつでもお湯を沸かせる。お風呂もボタン一つで用意できる。それら人為的な便利さが偶然の天災によって破壊されると、かつては自然にやっていた家族の中の工夫と協力が必要なことに気付くのである。

社会が安定している時には、今の便利さや生活の安定がずっと続くと思ってしまう。しかし、その便利さも安定も多くの人の努力の上に成り立っている。

どうして便利になったのか。人間が工夫したからである。そして、それを維持している会社や個人が社会の中にいる。会社を支えるのは個人である。その個人を支えるのは安定した家庭である。

「結婚できない」「結婚は面倒だ」という傾向は、社会を支える家庭を壊す方向に向いている。家庭さえ面倒なのだから、隣近所や他人は疎ましいという感情につながる。この傾向は、人の協力で成立している社会を壊すことになる。社会が壊れれば当然、あなたの生活から便利さも安心もなくなってしまうのである。

36 なぜ「男女の比率」が乱れるのか？

結婚しない男女が増えていることは、すでに書いた通りだ。相手を見つけられないわけではなく、相手を見つけようとしない。子孫を作るという発想が弱くなっている。積極的に子供を作ろうとする役割であった男性にも、独身願望が強くなっている。

このような社会的な風潮とともに、おかしな現象がある。男女の生まれる比率に変化が出ているのだ。男子が生まれる確率が下がっている。

本来、受胎する確率比は、女子：男子＝4：5である。男子の高受胎率にもかかわらず、生まれてくる比率は、女子：男子＝100：105に接近する。

男は強くて優れているといっていること自体が間違っている。この章の最初にも書いたが、男性のほうが構造的に不安定にできている。

旧約聖書では女性は男から作られたとあるが、実際は、男のほうが女性の体からY遺伝子を刺激することによって作られた不安定な生きものなのだ。

1950年ぐらいまでは新生児の死産の割合が減少したことにより、男子の新生児が増加傾向にあった。なぜかというと、確率が高かった男子の新生児の死産が、特に減少、結果として男子の新生児の割合が増加したからだ。男の子が多くて、男が結婚しづらいと言われたのは、このころである。

ところが、この傾向が逆転し始める。1970年から1990年までの調査で新生児の中で男子の占める割合がアメリカでは51・3%から51・2%に減少。カナダでは、アメリカの2倍の減少率があり、北欧諸国でも同様に減少傾向が報告されている。

日本では新生児の中で男子の占める割合が51・7%から51・3%に減少。減少は0.4%かと、高をくくってはいけない。男子と女子の出生率のようにかなり固定した確率の場合、0.4%という数字は、統計的な通常の誤差では説明できない大きな数字なのだ。必ずなにか原因がある。あくまでも仮説の域をでないが、いくつかの理由が考えられる。

理由その1。

大きな戦争があった後は、男の子が生まれやすいとよく言われる。これはセックスの回数が多いと男の子が生まれやすいという説に合致する。現代社会はセックスレス社会であるから、この説に従えば男の子は少なくなる。

理由その2。

環境汚染。これは因果関係がはっきりしていないが、ある種の農薬によってY染色体の生産能力が低下してしまう可能性がある。または人間の作り出した環境ホルモンによって、Y染色体の行動が抑えられていると考えられる。

いずれにしても、もともと男子と女子の出生率の違いは人種間にもあり、より多くの調査が必要なことは確かである。

いくら男が少なくても、男が減れば女の子を選びやすくなるなんて考えている男のところには、優れた女性はこないだろう。

その証拠に、前にも書いたが、主要先進国では晩婚願望と年収による男性の選別の傾向が女性側に強い。また女性は自分で生活費を稼げるので、無理に結婚する必要がないからだ。

女子の出生率が多くなっている理由には、先ほどの二つの理由以外にもう一つの理由、すなわち女性が社会に必要になっているという直接的な理由があるのかもしれない。

これは、人間のホルモン分泌と関係している。

すでに書いたように、男性ホルモンであるテストステロンがつかさどるのは競争と改革だ。女性ホルモンのエストロゲンがつかさどるのが調整と協力である。

現在のアメリカや日本は、安定した社会になっている。そんな社会に対応するためには、競争と改革の傾向の強い男性ホルモンより、調整と協力の傾向が強い女性ホルモンが必要となる。

つまり、今の社会がより多く必要としているのは女性といえる。そのように遺伝子レベルで考えられて、種としての人間の遺伝子の命令で、人間社会が必要としている女性の出生率を、ほんの少し増加させている可能性がある。

自然は突然変異の偶然の繰り返しの中で、女性より身体的に弱い男性をほんの少し多く出産するようなシステムを作ってきた。

だが今、種の保存のために遺伝子レベルで女性の出生比率を調整しているなら、それは出生比率の乱れではなく、むしろ自然の姿といえるのである。

幸運は
偶然と必然が
もたらす

第5章

37 働かない二割はなぜ出現するのか

ある生物学者が蜜蜂（蟻という人もいる）を観察している時、あることに気が付いた。怠け者がいる。あんなによく働いている蜜蜂の中に、怠け蜂が約二割もいる。生物学者は、彼らを取り除けば仕事の効率が上がると思い、怠け蜂を排除した。

ところが残り八割のよく働く蜂の中の二割、すなわち最初から計算すると一割六分の働く蜂が、怠け蜂となりさがった。そこで生物学者は、こう考えた。どうもこの二割は組織の中で「負の核」になる部分なのではないか――。

まったく同じ話を、私は10年ほど前にある財界人から聞いたことがある。

会社というのは不必要な人を絶対に雇わない。少なくとも雇おうとはしない。しかし採用した人間の中にも、必ず何もしない者が出てくる。彼らをやめさせても、残った人間の中から必ずまた何もしない人間が出てくる。

結局、会社の実力というのは足を引っ張る彼らを包み込んで生きてゆくことができるかどうかにかかってくるという。

この働かない者、怠け者が、会社の中では「負の核」を作り、何かの役割をしているのではないかと財界人はいう。

会社の創業期は、成功しようと皆で努力する。ある程度の売り上げが出るようになると、創業期のメンバー以外の人々を雇うようになって、人数も増える。

会社の業務が安定すると、仕事を取ってくる方法、売り上げを上げる方法が日常業務になってしまう。こうすれば売れるということが当たり前になって、問題なく会社を運営できるいっぽう、創業期の緊張を忘れてしまう。

このような時期、会社の中に「負の核（働かない社員）」を抱えていると、どうなるか。

彼らは仕事をしない。しかし、会社としては余計な人数を雇っている余裕などないので、彼らも仕事をしてくれないと困る。

そこで周りの人たちは、「負の核」が仕事をするように工夫する。納期までに製品を仕上げるためには、彼らにどの仕事をどのようにさせるかを考える。

つまり働かない社員がいると、働く社員は常に自分が働かなければというやる気を持ち続けることになる。

働く社員も人間である。だから順調に仕事が来るようになって会社が安定してくると、緊張感がなくなる。仕事の手順も、固まれば疑問を持たなくなる。

そんなときに偶然の出来事が起きて、受注が少なくなったり、原材料の高騰で製品の値段が上がったりしたら、どうするか。

むろん対策を立てなければならない。

もし会社の安定に慣れ、順調な受注に慣れていれば、工夫する心を忘れている可能性がある。「慣れ」というのは問題が起きた時、どうしたらよいかを考える手順を忘れさせるからだ。

だが「負の核」を抱えていれば、常に問題が存在していることになって、ある程度の緊張と工夫が常に作り出される。彼らを働かせるために、仕事を受注するたびにシステムの動きを少しずつ変えたりする工夫をしている。

だから「慣れ」による弛緩が会社の中に出てこない。

会社に気の緩みが起きていなければ、偶然の出来事、すなわち問題が起きても対応できるのである。

一番怖いのは、問題が何もないことだ。それは注意力を失わせることになるからだ。

決まったシステムから少しずれて安定していることを、「揺らぎがある」ということがある。

「負の核」の存在は、まさに「揺らぎ」を会社に作り、偶然の変化に対応できる能力を失わせない役割を果たしているのかもしれない。

現在、不要な社員をリストラして、会社を完全に仕事のプロ集団にしようとする動きが強い。プロ集団は強く見えるが、同じ考えのプロ同士が集まれば、集団に「揺らぎ」がなくなる。

プロ集団は専門知識が高い。しかし、専門知識が高いほど余計な無駄を省く。すると仕事は一定のラインに乗るが、システム自体が固定してしまう。

システムが固定すると、強いように見えて、外の変化に折れやすい。細かい動きができず、一つのことにしか対応できなくなる。

それでは自然や社会に起こる、過去とはまったく異なる偶然の変化、出来事に対応できない。

したがって専門知識の高いプロ集団といわれる人たちが、偶然の変化に対応できるのか、大きな疑問が残る。

興味深いもう一つの実験結果がある。これは蜂ではなく蟻を使っている。同じ巣の中で働く蟻と、働かない蟻とを選別して、働く蟻だけの集まりの巣と、働かない蟻だけの集まりの巣、二つの集まりを作る。

するとどうなるか。

二つの集まりの両方に、最初の巣の働く蟻と、働かない蟻の比率と同じ割合で、それぞれの新しい巣の中に、働く蟻と働かない蟻ができる。働かなかった蟻の中に働くようになる蟻が出て、働く蟻の中からは働かなくなる蟻が出るのである。

偶然の出来事は、悪いことばかりではない。急に大きな受注が来ることもある。その受注に、今までの仕事のやり方では間に合わないこともある。

固定化したシステムでは、偶然の良いチャンスにも対応できないのである。

大きな受注を会社が取った時、工場のラインを止めないで動かし、今まで以上の生産力を上げるにはどうしたらよいか。

今までと同じシステムのまま働く時間を長くすれば、働く社員の負担が増す。そのぶん、休みもこまめにとる必要がある。とはいえ、生産ラインが止まらないようにしなければならない。

先ほどの蟻の実験では、働く蟻も休みをこまめにとっている。だが働く蟻が休む時には怠け蟻が働いて幼虫の世話をしている。蟻の幼虫の世話は続けてしないと、幼虫が死んでしまうからだ。

このように蟻の巣の中では、働く蟻と怠け蟻の協力関係ができている。そのため巣の中の動きが止まることはない。おそらく、遺伝子の命令で役割分担が決められているのだろう。

人間は蟻の巣のような自然から、働く社員と働かない社員の比率、仕事の配分などを学ぶ必要があるだろう。

いずれにしても「負の核」の存在は必要である、ということを忘れてはいけないのである。

38 才能だけが人生か

ヨーロッパの天才数学者や、天才物理学者の子供の時の逸話で、よく聞く話がある。あまりに小さい時から子供が才能を発揮すると、親が心配して勉強道具を取り上げるという。早熟な才能を持っていると、早死にしてしまうと心配するからである。

「人間は考える葦である」と言った、哲学者パスカルのお父さんもそうであった。

パスカルは、ユークリッド幾何の本を、物語を読むように読んでしまったらしい。

こんな才能を子供が持っているとわかれば、現代の親なら大喜びをして、さらに勉強させるかもしれない。

しかしパスカルのお父さんのような人は、そんなに急がなくてもいい、長生きをしてくれたほうがいいと思うのだろう。パスカルのお父さんは税務官僚であったが、優れた数学者でもあった。急がなくても勉強はできる。それよりも子供の健康のほうが大切、そう思ったのだろう。

本当に子供のことを考えたら、パスカルのお父さんのようにするのが正しい考え方だ。

これは決して昔の話ではない。子供が大切ならば、親のやることは今も昔も同じなのだ。

うちの子にはそんな力がないから、早いうちから勉強させなければいけない。そう考える人もいるだろう。しかし才能がないのに、早いうちから英才教育のような詰め込みをすれば、どうなるか。余計勉強が嫌いになってしまうのではないだろうか。

人間にはそれぞれの役割がある。自然は無駄なことをしない。生まれてきた人には必ず役割がある。

たとえば、一人の大天才が病気の原因を見つけて治療法を発見したとする。大天才といえども人間だから有限の時間しかもっていない。だから治せる患者の数は限られる。

この大天才の治療方法を、いち早く少し優れた天才が習う。この人が一人で診られる患者の数にも限りがある。

しかし少し優れた天才が、努力して大学の医学部に入ってきた人たちに毎年治療法を教えていったら、教わって医者になった多くの人たちによって多くの患者が救われることになる。

教わって医者になった多くの人は、普通の人で構わない。普通の人でも生物や人間の仕組みが好きで努力する人なら、天才の治療法を必ず理解できる。

最初の大天才や、次の少し優れた天才の医者に教わった多くの医者は、天才ではないが、一人前の医者になって多くの人たちを助けることができる。

どんな大天才でも命には限りがある。必ず後に続く人を作らなければならないのである。

才能と言うと大げさになる。子供の好きなことと言ったほうがいいかもしれない。普通の子供にどんな才能、いや好きなことがあるかは、すぐにはわからない。毎日の生活の中で、子供の遊びの中で、発見することもある。親の欲目から子供に才能があると考えて、人為的に詰め込みをしても普通の子供には迷惑なだけである。偶然に遺伝子の中に入っているかもしれない小さな才能の芽を見つけ出すためには、子供にいろいろな経験をさせないといけない。それも子供に余計な先入観を持たせずに経験させなければいけない。

そのためには大人、親の役割は大切である。子供がやりたくなくても、ある程度の押し付けをしなくてはならないからだ。森に入ると虫がいるからイヤだと言う子供を、無理に森に連れて行っても嫌いになるだけかもしれない。しかし子供の好きなものが森の中に一つでもあれば、子供の背中を押して連れて行く。その結果、楽しいことがたくさんあって、もっと森の中にいたいと思うかもしれないからだ。

森は一つの例で、飛行機が好きなら空港に連れて行けばよい。森も空港も、本物がそこにある。本物を見ることが大切なのである。

本物を見せることは詰め込みの勉強とは異なり、勉強の動機付けになる。

子供が学校や塾の教科書でいろいろな昆虫を知る前に、自然の中に連れて行って本物を見せることが、塾に行くよりはるかに勉強となる。先生は原っぱであったり、森であったりするのである。

教科書というのは、人間の考え方——積み重ねてきた知識や方法、すなわちこういう考え方をすればいろいろなことが上手に説明できる、解決する、という考え方の集まりの一部をまとめたものだ。

たとえば、森の中で「なぜ」と思ったことを、ある程度説明しているのが教科書なのである。

その教科書で、子供は昔の人の考え方を学ぶわけだが、森や空港と同じで、いろいろな教科を勉強する必要がある。それだけたくさん、昔の人の知識や方法に触れられるからだ。

子供の個性というのは、それらを学んでいる時に現われるものだ。

昔の人の考え方を子供に教える時、子供がわかりやすいからと、子供に合わせてはいけない。子供は、昔の人がどうやって疑問を解決したかを学ぶのだから、昔の人に合わせなければ、その知識と方法を学ぶことにならない。子供に合わせれば、別の考え方を習わせることになってしまう。

だから親や先生は、昔の人が長い間考えて作ってきた知識や方法を子供に理解させるという断固たる態度を持つ必要がある。それによって子供は昔の人の考え方を習い、使えるようになる。

その知識や方法を吸収するまでの時間は、子供によって違う。あわてる必要はない。最初から子供に合わせて教えると、子供に悪い癖を付けて、せっかく持っているかもしれない個性、才能を潰すことになる。

子供にすごい能力があると思うのはたいてい親の誤解である。ほとんどの子供は普通の能力の持ち主だ。その子供が好きなことを見つけるためには、こざかしい知識を付ける塾の時間はもったいない。本物の自然や物づくりの現場などのほうが、よほど良い先生になる。

素直に現実を学ぶ。素直に人間が作ってきた方法を学ぶことが先である。

持って生まれたものが、すぐれた個性である偶然は、まずありえない。

個性というのは、多くのことを素直に勉強することから生まれるものなのだ。

すごい天才が、偶然に誰かの家に生まれることはある。それはしかし、ありえない偶然だと思ってよいだろう。

また、生まれながらの性格がどうして個性になるのか。悪い癖は早いうちに潰してやらなければいけない。潰すのは親の役目であり、躾《しつけ》である。

子供には躾と集中力をつけてやれば、何とかなる。

一流になる必要はない。一人前になればいい。

一流になるには才能が必要だが、一人前になるには努力でなれる。だから、たいていの人は一人前になれる。

一人前になれば、社会や自然が起こす悪い偶然にも良い偶然にも、うまく対応できる。

社会や自然が起こす偶然は、原っぱや森や工場の中にある。だからこそ小さい時から自然が起こす偶然を子供に触れさせてやる必要がある。

かぶと虫のオスのあの角は、自然が起こした素晴らしい偶然の結果なのである。

39 人間は本当に自分で判断しているか？

カーラリーをやっている私の友人が話していたことがある。ラリーの途中、山道を走っていた時ハンドルを切り損ねて一段下の道路まで転げ落ちた。その時、周りの情景がスライドを見るようにカシャ、カシャと変わっていったという。

人間、緊張して神経が張り詰めると、火事場の馬鹿力の知覚版のようなことが起きるらしい。その時の知覚が、本当の人間の感度を表している可能性が高い。

そう、人間は物を連続的に見ているのではないらしい。スライドの一枚一枚を見ているように知覚しているという説がある。崖から落ちた友人の見た情景はすべて、人間の知覚を正確に表した可能性が高い。

これを利用したのがサブリミナルであるのかもしれない。

人間は、非常に短い瞬間瞬間の静止画像の積み重ねによって情景を見ている可能性がある。その瞬間を見る能力は並大抵ではない。自分が見たと認識しなくても、見たものの意味することまでを潜在意識に確実に記録する。イギリスの科学専門週刊誌「Nature」に載った論文を参考にして説明しよう。実験は次のようなものである。

被験者に4枚のカードを見せて、最後のカードの数字が5より大きければ右手のボタンを押し、5より小さければ左手のボタンを押す。このボタンを押すまでの反応の速さを調べるのである。

一枚目から四枚目までの各カードは順に、

71ms　43ms　71ms　200ms

の間だけ見せる。ちなみにmsは1/1000秒の時間の単位である。この短い時間の間だけ被験者に見せる。ただし1番目と3番目のカードには何の意味もない文字が書いてあるだけだ。目くらましのようなものである。人間には、かろうじてカードの文字を認識できるような短い時間である。四枚のカードの例は次のようになっている。

1枚目	2枚目	3枚目	4枚目	
TsPLqA	nine	WluMB	6	（A）

1枚目	2枚目	3枚目	4枚目	
sPLqA	one	Wlumb	6	（B）

二枚目のカードの数字がこの実験のポイントである。右のカードの並びは二つのカードの種類（A）と（B）の作り方の一つの例である。

（A）グループは最後の数が5より大きければ2枚目の数も5より大きい。最後の数が5より小さければ二枚目の数も5より小さい。この二枚目のカードを非常に短い時間見せたときに、もし被験者がそれを知覚していれば四枚目を見る前に正しいボタンを押す用意が無意識のうちにできているはずである。（B）グループは（A）グループとは逆に、最後の数が5より大きければ、2番目の数は5より小さい。最後の数が5より小さければ、2番目の数は5より大きい。被験者にとってこの二枚目は、もし知覚していたら正しいボタンを押すためには邪魔になるはずである。

人間が非常に短い時間でも知覚できるとしたら、被験者のボタンを押す速度は、（A）は速く、（B）は遅くなる、という差が出るはずである。

この実験の結果、被験者が答えるまでの反応速度に明らかな違いが出た。（A）のほうが速くなった。

すなわち、意味のレベルで瞬間に知覚している。驚くべきことに2番目のカードの43／1000秒間の提示を、被験者はみな、見ていないと言っているのだ。

この結果からわかるように、もし映画の中に塩辛いものを食べ、そのあとおいしそうにビールを飲むシーンを、ストーリーとは別にほんの瞬間、入れておきさえすれば、まず100％の観客は喉が渇き、そのうち何人かはビール売り場に走ることになる。

ちなみにこの宣伝方法は禁じられている。

日本でも、AVビデオで女性の完全ヌード、もちろんビデオで許されている以上のヌードをサブリミナルで入れていた業者が摘発されたことがある。

しかしサブリミナルでそんな写真が入っていてもあまり面白くないような気がするが、気持ちよさが増加するのかもしれない。

うぬぼれやすい人間は、いつでも自分で判断していると思っているが、実は、1/1000秒の単位の視覚的刺激にも反応して、心を制御されてしまうのである。この刺激は、見たと思わなくても、潜在意識に刺激を残しているようだ。

自分が見ていると認識していない短い視覚的な刺激でも、心を制御されてしまうなら、毎日見ている視覚的な刺激には、もっと反応するのではないか。毎日テレビの宣伝で、ペットボトルのお茶を見ていたら、ちょっとのどが渇いただけでも買ってしまうかもしれない。

はっきりと見たとわかる視覚的な刺激なら、潜在意識と普通の意識の両方の意識に刺激を与えることができる。このような刺激で、流行というのは生み出されている可能性がある。町行く人が、ちょっと良いバッグを持っている。最初に雑誌などの宣伝で何人かが購入する。それを見た人が、あのバッグ見たことがあるわね、という気になる。使いやすいとか、丈夫だとかいう理由は後付けで、とにかくそのバッグが気になる。ふとデパートなどでそのバッグを見ると、欲しくなる。

欲しいという気になった人の何人かが買えば、そのバッグを持っている人をもっと多く見るようになる。すると自分も欲しいと思うようになってしまい、持っていないといけないような気になる――。

この現象には、意識を人為的に操縦されてしまう可能性がある。

こんなことを政治的に使われたら、怖いことになる。

一部の人間が、自然な社会的な動向とは無関係に自分の思い通りの世の中を作ろうと、サブリミナルや流行などを使おうとしたら防げるのだろうか。

人間は、突然変異を繰り返して二足歩行の形を作った。これは脳の力、考える力を増加させるためである、という説がある。

ならば、みんなが持っているバッグが自分にとって必要かどうかを判断するくらいの力はあるはずだ。

その脳の力に期待して、それを最大限生かすためはどうしたらいいか。

社会が一つの方向を向いている時には、別の方向を向く勇気を持たないといけない。それをしないと、自分の意志で選んだと思いながら、人に操縦されている可能性があるからだ。

40 大切な人と出会える偶然

ふと気が付くと、自分の会社が入っているビルディングに、かなりお気に入りの異性がいる。あなたは知り合いになる方法を考えるだろう。もちろん直接、声をかけてもよいのだが、そうでなければ、何階の会社に勤めているのか、情報を知っていそうな周りの人に聞いてみるかもしれない。それにしても最後は自分で声をかけるわけだから、最初から自分で話しかけるほうがよいかもしれない。

それはさておき、まったく面識のない人に会いに行くためには、普通はその人を知っている人に紹介してもらうのが一番いい方法だ。

たとえば、ある医師にどうしても会って話を聞きたいと思えば、どうするか。

まず、自分の知っている医師に相談するだろう。その医師が直接知らなくても、会いたい医師と同じ大学の出身の医師を紹介してもらったりする。さらに製薬会社に知人がいれば、彼に頼むことだろう。製薬会社は医師には顔が広いから、彼が知らなくとも、彼は自分の知り合いに、お目当ての医師の知り合いを探すよう頼んでくれることだろう。

このように、人とのつながりはいざという時に大いに役立つ。

仕事の成功も、人とのつながりで大きく左右される。

仕事上、どうしても会いたい人物がいるとする。努力すれば、必ず会えるだろうか。その確率は、努力する価値があるほど高いのだろうか。

とにかく、計算してみよう。確率の計算を少し思い出していただこう。白玉4個と赤玉3個の合計7個の玉が、袋の中に入っているとする。この中から一つ玉を取り出して、色を確かめて袋の中に戻す。これを三回繰り返したとき、白玉が少なくとも一回現れる確率はどうなるだろうか。見た玉を元の袋の中に戻して、次の玉を取り出すので、この実験を「復元抽出」という。

計算を簡単にするために、少し工夫をする。三回引いたうちに少なくとも一回白玉が出る場合を（A）としよう。三回引いたうちに少なくとも一回白玉が出る場合（A）が起こらない時は、三回のうち白玉が一回も出ない場合である。三回のうち白玉が一回も出ない場合を（B）としよう。（A）が起こる時は、（B）は起こらない。（B）が起こる時は（A）は起こらない。さらに、（A）と（B）のどちらかの場合が必ず起こるから、（A）と（B）二つの場合の起こる確率を足すと1になる。

それゆえ、白玉が一回も出ない場合（B）の確率を計算して、1から引けば、三回のうち少なくとも一回は白玉が出る場合（A）の確率がわかる。

白玉が出ないということは、赤玉を引くことになる。赤玉を引く確率は、3／7である。これを三回繰り返して赤玉だけが出る確率は、

（3／7）×（3／7）×（3／7）＝27／343

少なくとも一回白玉が出る確率は、今求めた赤玉だけが出る確率を1から引いて、

1－（27／343）＝316／343

となる。

右の計算を使って、日本のビジネスマンが会いたい人物に会える確率を計算してみよう。

日本の就労人口は約6600万人くらいである。その中であなたが会いたいと思う人は、一人である。

しかし、この就労人口すべてが、あなたが働く業界に関係があるかどうかはわからない。そこで関係のある業界の人数を多く見積もって、２０００万人としよう。あなたの会いたい人が業界のキーマンなら、１００人の友人とは言わないまでも、知り合いを持っているだろう。

あなたをＡさんとして、会いたいキーマンをＢさんとしよう。Ａさんも営業で仕事をしていれば、連絡先は１００人くらいはいるはずである。Ａさんの業界の関係で働く人は２０００万人、その中で、先ほど書いたようにＢさんの知り合いが１００人いるとする。

ということは、２０００万の玉があり、１００がＢさんの知り合いを表す白玉で、残りがＢさんと無関係な人を表す赤玉と考えられる。

ならばＡさんの１００人の知り合いの中に、Ｂさんの知り合いが重なっている確率はどのくらいあるだろうか。重なっていれば、紹介してもらえることになる。

この計算はこう考えればよい。Ａさんは袋に入っている２０００万の玉から、一つの玉を引く。その玉が白なら、この白玉さんが、両者に重なる知り合いである。その玉が赤なら、Ｂさんの知らない人である。

Ａさんの知り合いは１００人いるから、玉は１００回引ける。その１００回引いたうち１回でもＢさんの知り合いの白玉が出ればよい。

１００回とも赤玉を引く確率を考える。赤玉の数は、

２００００００−１００＝１９９９９００

である。赤玉を引く確率は、

１９９９９００／２００００００

である。これを１００回繰り返すから、１００回かけると約０・９９９５である。これを１から引くと、少なくとも１回は白、すなわち共通の知り合いがいることになる。

１−０・９９９５＝０・０００５

０・０５％の確率で共通の知り合いがいる可能性がある。

とはいえ、Ｂさんに会うために片っ端から自分の知り合いに電話して、その結果Ｂさんに紹介してもらえる確率０・０００５は、本当に偶然に賭けるようなものだ。

しかし、これであきらめるのは早いのである。今の計算はＡさんのほうからしか、していない。Ｂさんのほうにも１００人の知り合いがいる。その１００人分を袋から

引ければ、どうなるだろう。この場合は、Aさんの知り合いが直接Bさんの知り合いではなく、Aさんの知り合いとBさんの知り合い同士が知人ということになる。Aさんの知り合いに、直接Bさんを紹介してもらうのではなく、Bさんの知り合いを紹介してもらうのだ。仕事の時は、自分と紹介してほしい人の間に、二人くらいが入ることは珍しくない。

先ほどの計算は、Aさんの知り合い100人の中に、直接Bさんの知り合いがいるかどうかを計算した。その時に直接Bさんを知っている人がいない確率は0・9995だった。さらに今度は、Bさんを直接知っているのではなく、Bさんの知り合い100人を知っている人がいるかどうかを考える。Bさんの直接の知り合い一人をCさんとする。Cさんの知り合いに、Aさんの知り合いが入っていない確率は、先ほどの0・9995になる。これを、Bさんの知り合い100人全員について考える。Aさんの知り合い100人が、Bさんの知り合い一人を知らない確率は0・9995、Bさんの100人の知り合い全部を知らない確率は、これを100回かけると求められる。

Aさんの知り合い100人と、Bさんの知り合い100人が、知人ではない確率は

0・9995の100乗で、0・95である。これを1から引いて、5%の確率となる。統計では5%という確率は、起こらないという数字である。

その確率であるにもかかわらず、起きたことにより破綻したファンドもあるので、5%は起こりえない数字ではない。さらに業界の中でBさんの行動範囲を調べて、紹介してもらえる人を探し出すこともできる。Aさんの努力にかかってくる。

もし、二人に200人の名刺だけの知り合いがいれば、AさんとBさんの二人の間に、知人二人を入れてつながれる確率は35%に上がる。これで、Aさんの努力があれば必ずBさんと仕事の話ができる。

よく確率の本の中に出てくる「世間は狭い現象」というのがある。日本の人口一億人として、鈴木さんに千人、佐藤さんに千人の知人がいるとする。この知人同士が知り合いである確率はどのぐらいあるかというと、何と99・9957%にもなる。知人同士の知り合いまで含めると、ほとんど知り合いになってしまう。

現実世界で、この確率を個人の努力でいくらでも高くできる。真面目に仕事をして信用を得れば、それだけ紹介してもらえる人が増えて、相手が会ってくれる可能性が高くなる。

すなわち、良い偶然＝幸運の起こる確率を高くすることができるのである。

41 本当に就職困難なのか

日本のバブル経済というと、1980年代を指すことが多いようだ。バブルの始まりと崩壊については諸説あるが、その期間はだいたい1980年代の10年間と考えてよいだろう。

1998年7月当時、日本の完全失業率は4.1％、8月は4.3％。どちらも総務庁（現・総務省）の労働力調査の数字である。

完全失業者とは、次の三つの条件を満たす人たちのことだ。

1．仕事がなくて調査週間中に少しも仕事をしなかった（就業者ではない）。
2．仕事があればすぐ就くことができる。
3．調査期間中に仕事を探す活動や事業を始める準備をしていた（過去の求職活動の結果を待っている場合を含む）。

完全失業率の計算式は、

完全失業率（％）＝完全失業者÷労働力人口×100

である。

1998年8月の4.3％という数字は過去最悪記録であった。

このとき、バブルの崩壊で経済は最悪の状態に向かうという閉塞感があった。企業は仕事がなくなることを予測し、リストラも行なった。

ここにある数字がある。1998年7月の非自発的離職による求職者と、自発的離職による求職者の人数である。
・非自発的離職による求職者　84万人
・自発的離職による求職者　99万人
自発的離職の中に、どのくらい本当の自発的離職者がいるかという問題も難しいが、この数字をそのまま信じるとして、リストラに遭った人を非自発的離職者と同じとすれば、
84万／6907万（全就労者）＝0・012
1.2％とは、約100人に一人ということになる。
この数値は驚いてしまうほど凄い。バブルの崩壊で、100人に一人がリストラされていたからだ。

100人に一人ということは、日本のような中小企業の多い国ではどう考えたらいいのか。

小さい企業が三人を二人にしたりするのは難しい。中小製造業などでは、働く人のそれぞれの役割が決まっている。小さい企業ほど、一人がいなくなると仕事が動かなくなってしまう。

したがってリストラをして会社の負担を軽くできるのは、大きな企業である。ということは、大企業と呼ばれるところでは、100人に一人よりも多くの割合でリストラをしていたのかもしれない。

では中小企業が幸せだったかというと、そうではない。大企業からの発注が少なくなれば、中小の企業は仕事がなくなる。リストラではなく、倒産ということになる。

現在の日本の完全失業率は4.7％で、バブルのあとより高い数字である。だが主要先進国の中では、まだ高くない。それに最近は大きなリストラがされているとも聞かない。

しかし企業に就職する大学生の内定率が、60％と言われる。

やはり不況で就職先が少ない。そう思われるかもしれないが、数字が何を表しているのかを正しく見ないといけない。

この60％という数字は、学生が大企業に入りたいと思ったときの内定率で、就職先がないのではない。

大企業のほうが安全で一生勤められる。そう思っている学生が選んでいるのである。３００人規模で会社を運営しているベンチャー企業には欲しい人が来ないし、中小企業も慢性化した人手不足である。

ベンチャーや中小企業の製造業などでは、特別な知識や技術が必要であることがよくある。そういう知識や技術のある学生は大企業に先に取られてしまうので、ベンチャー企業や中小企業にはなかなか来てくれない。

さらに、今年は就職先がなくても、大企業に入りたいので一年就職浪人。その期間、就職活動をサポートする学校に通うこともある。それほど大企業が安全だという発想がある。

バブルの崩壊の時を考えてみよう。

１００人に一人はリストラされている。大企業に入れば安全という神話はもうない。ベンチャー企業や中小企業の技術力の高い会社のほうが生き残る可能性が高いのだ。

技術力の高い会社ほど、自分たちの利益はどのくらいが最適かと考える。生き残るための、自分たちの分をわきまえる。

1００人に一人のリストラの危険性を考えるか、ベンチャー企業の倒産の危険性を考えるか。

いずれにしても、自分の生き方にかかわるので、どちらとも言えない。

しかし、まじめに努力するベンチャー企業を自分で見定めて、その会社を大きくする一人になろうとすることは、大企業に入っていつか自分の知らないところでリストラ要員になるより、やりがいがあるような気がするのは、私だけだろうか。

42 バブルはなぜ崩壊するのか

かつてウチョウランという、蘭の個体変種に人気が出たことがある。一鉢1０００万円などという値段で取引されていた。もちろん栽培技術が進歩し、人気のある品種が多く出回るようになれば値段も普通になるだろうが、この1０００万円は常識的に考えておかしい。

でも蘭の人気が過熱している時には、そういうことにあまり気が付かない。ほかの蘭の鉢植えの値段も高くなっている。100万円で買ったものを、別の愛好家が120万円で買う。相場がどんどん上がっていって、1000万円の鉢植えなら、もっと高く買う愛好家がいるのではないか。そんなことを考えてしまうのだろう。

しかし、あるとき一人の落ち着いた賢い人が蘭の鉢植えを見て、1000万円だなんておかしい、ということでバブルが終わったりする。冷静に考えればおかしな値段なのである。

世界の歴史で最初のバブルは、蘭ではないが植物であるといわれている。17世紀のオランダで起きたチューリップバブルである。チューリップの一個の球根が、四頭立ての馬車一台と馬四頭と同じ値段だった。

このチューリップバブルの終わりもあっけないものであった。

ある青年が、買った球根を転売できなかった。そこから、今までの値段はおかしいと思っていた人たちが、チューリップの相場から手を引いた。

むろんチューリップの球根の値段は元に戻って、動いたお金が人々の借金となって残った。

たとえば球根が一つ100万円だった時に買って、バブルが崩壊して2000円になったら、99万8000円の損になる。そういう借金を抱えた会社と個人が、オランダの方々に存在したことになる。景気に影響が出ないわけがない。その後、オランダは100年ほどかけて、この愚かなバブルから立ち直り、チューリップはオランダ特産品として残った。

日本の蘭の場合は一部の愛好家が買っていただけであるから、経済を左右するような取引にはならなかった。この蘭をめぐるバブルは1965年くらいから起こり始め、ちょうどバブル経済真っ盛りの1985年くらいが頂点であった。愛好家の売り買いがテレビで放映されるほどであった。

現代のバブルはたいていの場合、金融関係のバブルである。特に株式相場が中心的な役割をすることが多い。

証券会社は株の取引を多くしなければ、利益が出ない。株の売買手数料で利益を上げるからだ。もちろん銀行のようにお金を貸す場合もあるが、それは通常業務以外のことである。

株の取引は、この会社は伸びそうだと思えば、その会社の株を買い、高くなったところで売る。

バブルのころのウォーターフロント開発の勢いはすごかった。バブルのきっかけが土地への銀行投資である面もあって、土地を持っている会社に注目が集まった。特に今まで倉庫しかなかった海浜地区に、高層のビルやマンションが作られた。海浜地区に土地がある会社は、土地の含み資産があるなどと言われて注目された。

こういう時に証券市場で使われるのが、「はやす」という言葉である。当時、東京電力などはものすごく「はやされて」、株価は9000円以上になった。

このような株価はバブルである。それも無理に作られたものだ。過熱を恐れた日銀と政府は、銀行の土地投資などに対する総量規制をした。簡単に言えば、この金額以上、銀行はお金を貸してはいけませんという上限を決めた。これによって、バブルは沈静化したのではなく、はじけ飛んで、日本経済は停滞し底を打ったのである。

経済学者ガルブレイスは『バブルの物語』の中で「金融の世界くらい歴史がひどく無視されるものはない」と述べている。

すなわち物を作らずに株券などの取引でのバブルは今までにもある。しかし、それから人は学んでいない。なぜなら、そういうバブルが作った景気は必ず崩壊している。歴史がそう語っているのに、だれもそれから学んでいないのだ。

チューリップの球根が株券になっただけのことで、実体のない経済であることは17世紀のオランダのバブルと同じである。

日本のバブル崩壊後、経済学者や経済評論家がよくこんなことを言っていた。

「バブルを経験したことがないので、この景気を元に回復させる良い手立てがわからない」

ガルブレイスの本を読めば、日本のバブル崩壊の前に、少なくとも歴史上四回の大きなバブルがある。さらにアメリカのバブル景気は、日本のバブルが崩壊する前にはじけている。

株を取引しても、それは実体を伴わない。人間が原材料に価値をつけて、すなわち製品を作って、それを売ることによって経済は成立する。それが経済の基本である。

人間の自然な経済活動の中で必要とされるものは、突然高くなったり、突然安くなったりしない。自然に高くなったものは自然に落ち着く。

液晶テレビが一般家庭でも買えるようになったら、液晶の値段が上がって液晶バブルといわれるものが起こっている。これはしかし、液晶の必要性が高くなった結果であり、液晶テレビがある程度、各家庭に行き渡れば自然に液晶の値段も落ち着くことだろう。

自然に必要なものを作って景気が良くなったのなら、景気は崩れずに適正なところに落ち着くものだ。

しかし、人為的に一部の人間が作ったバブルの値段はあっけなく崩れる。値段の理不尽さに気付いた人や、過熱を抑えなければと気付いた理性的な人たちの偶然の力によって、あっという間に元に戻されるからだ。

バブルの過熱を徐々に沈静化できる人はいないだろう。何かを作って売ったわけでも、何かを開発したわけでもない。何もないところに作った架空の価値である。

すなわち実体のないものであるから、いつまでも崩れずに続くと考えるほうがおかしいのだ。

バブルの崩れた後には何も残らない。ただ帳簿の上に大きな借金が残るだけだ。

この借金は、バブルと無関係だった人たちの上にも影響を与える。

しかし周りがバブルに踊っているとき、個人の生活を守り、バブルによる余計な利益を望んでいなければ、その人の損は少し重くなった分の税金だけですむはずだ。

セールスマンが持ってくる儲け話を疑うことができても、社会全体がバブルに踊っている時、それを疑える能力のある人は少ない。

社会がバブルをはやしたてている時、何かおかしいと気が付く人は、知恵がある。知恵のある人は、バブルで儲けようとはしないから、いつバブルがはじけても損をしない。

けれども、人間が勝手に作った実体のないものがいつはじけるかを予測することは難しい。歴史は、バブルは10年持たないと言うが、4年かもしれないし、7年ではじけるかもしれない。

社会全体が何かに踊らされている時、周りを見回して落ち着いて判断できる知恵のある人は、偶然の不幸も、偶然の幸運も、感じ取れる可能性があるといえる。

43 偶然を味方にする生き方

それほど有名ではないが、知る人ぞ知る良い技術を持っている二つの会社がある。

A社とB社としておこう。

A社はとても良い部品を親会社に納めていて、業績も順調であった。順調だったが、経営者が会社の利益（余剰金）で株取引をし、大きな損を抱えてしまった。

余剰金を、会社が運用することはよくある。本業で利益を出す努力をするのは当たり前だが、余剰金で国債や株などを買って、そこからある程度の利益を上げようとするのも当たり前になっている。また使っていない所有地を有効に使い、駐車場などにして利潤を生むようにするのも、会社の自然な発想である。

ところがA社の株取引は、余剰な利益をはるかに超え、毎年の純利益を超える量の株取引をしていた。そこにバブルの崩壊が起きて、大きな損を出してしまった。その損はA社が軽く潰れる額であった。親会社はA社の土地などを売却し、その工場を借りる形で操業を続け、何とか部品の調達を確保した。

親会社が、部品の調達をA社の工場から確保しなければならないほど、A社の工場は優れた部品を作っていた。にもかかわらずバブルに踊った社長の不始末で、もう少しで潰れるところであった。

A社を助けたのは、社員のたゆまぬ研究の結果、他社ではできない部品を作っていたことだ。その技術力が社員全員を救った。

彼らにとって、社長の株式投資の失敗とバブル崩壊は、悪い偶然である。だが、社員が常に技術力を磨いていたという、良い偶然が会社を救った。

社員が技術力を磨いていたのは、偶然とはいえないかもしれない。しかし、仕事に対して真摯な人たちが集まっていたということは、偶然と言ってよいだろう。

もう一つの会社、Ｂ社は江戸時代からあるような古い会社である。鉱山関係の仕事をしていて、四百年ほど続いているだろうか、優れた技術を開発し続けている。日本の金山は佐渡でも秋田でも新潟でも、それほど金の含有量が多くない。そのため金の含有量が高い鉱山に慣れている外国の技術者は、日本の鉱石を見ても、それが金の鉱石かどうかわからないこともあったという。他の鉱物資源も似たり寄ったりである。

含有量が低いということは、たとえば金の場合、鉱石から金を取り出すのが厄介なことになるということだ。そのためＢ社は鉱物資源を鉱石から取り出す方法をいろいろ工夫してきた。それこそ四百年続いていれば、四百年工夫してきたことになる。

このようなＢ社が今、なぜ注目されるのか。たとえば携帯電話の中には金やアルミニュームなど、地球上で重要かつ貴重な金属が使われている。それらの金属を廃棄された携帯電話から分離する技術を持っているのだ。その技術こそ、Ｂ社が長い間工夫してきた技術そのものなのである。ちなみに携帯電話の金の含有量は、Ｂ社が分離していた昔の金鉱石にも負けないくらいあるらしい。

目的のものを抽出した後には廃棄物が出る。その廃棄物の処理についても、B社は四百年以上も研究している。

最近は都市鉱山という言葉まであり、都市の下水には重要な鉱物資源がかなりある。それを分離するのも、B社の技術であり、さらに注目されている。

このA社とB社であるが、A社は悪い偶然の洗礼を受けたが、社員が本分を忘れずに研究し技術力を上げていたので、偶然に存続できた。偶然を、味方にできたといえる。

いっぽうB社はバブルにも手を出さず、目立たないまま自分の分をわきまえた仕事をしてきた。鉱物資源を分離する量も無理に多くしなかった。多くすれば利益が上がるかもしれないが、廃棄物も増えてしまう。処理できないほどの廃棄物が出れば、会社自体の存続が危うくなる。そう考えて会社の適切な規模を考えながら、必要な研究を続けた。その結果、今の社会になくてはならない資源再利用の一翼を担うようになった。まさに良い偶然が微笑んでくれたといえる。

いずれにしても偶然に微笑んでもらうためには、社会の動きにいちいち反応せず、自分の役割を果たすための努力と研究を続けることが大切のようである。

現実の一つ一つの動きを気にして、それに無理に合わせようとしても、自分は自分でしかない。また、合わせた現実がいつまで続くかもわからない。

ＩＱの高い頭のよい人が、今はこういう社会だから、あなたの会社もこうしよう。そう言っても、いつまでそういう社会が続くのか。社会に変化が起これば、彼はまた別のことを言うだろう。

なるたけ失敗しない人生を送るためには、自分の与えられた能力で常に努力をし、自分の技術を進歩させる。それを人のために使う。ならば偶然が微笑んでくれることだろう。

また絶好のチャンスと思われることが偶然、自分の前に来た時ほど注意する知恵を持つことだ。そんな偶然はないのだから。

著者プロフィール

柳谷 晃（やなぎや あきら）

1953年東京生まれ。早稲田大学大学院理工学研究科数学専攻博士課程修了。学生時代から数学を教え始め、対象は小学生からビジネスマン、リタイアした人まで幅広い。現在、早稲田大学高等学院数学科教諭・早稲田大学理工学術院兼任講師、早稲田大学複雑系高等学術研究所研究員。

主な著書に『忘れてしまった高校の数学を復習する本』（中経出版）、『そうだったのか！　算数』（毎日新聞社）、『そこが知りたい！　数学の不思議』（かんき出版）、『男と女のすべてのことは数学でわかる』（三笠書房）、『時そばの客は理系だった―落語で学ぶ数学』（幻冬舎）、『冥土の旅はなぜ四十九日なのか』（青春出版社）、『その「数式」が信長を殺した』（ＫＫベストセラーズ）、『教師の品格』（阪急コミュニケーションズ）ほか多数。

人生がラクになる数学のお話43

2011年11月15日　初版第1刷発行

著　者　柳谷 晃
発行者　瓜谷 綱延
発行所　株式会社文芸社
〒160-0022　東京都新宿区新宿1－10－1
電話　03-5369-3060（編集）
03-5369-2299（販売）

印刷所　日経印刷株式会社

ISBN978-4-286-11464-4